高危行业农民工安全生产培训丛书

危险化学品从业单位农民工安全生产常识

国家安全生产监督管理总局培训中心组织编写
■ 万平玉 主编

中国劳动社会保障出版社

图书在版编目(CIP)数据

危险化学品从业单位农民工安全生产常识/万平玉主编. —北京：中国劳动社会保障出版社，2007.4

高危行业农民工安全生产培训丛书

ISBN 978-7-5045-5962-3

Ⅰ.危… Ⅱ.万… Ⅲ.化学品-安全生产-技术培训-教材 Ⅳ.TQ086.5

中国版本图书馆 CIP 数据核字(2007)第 033696 号

中国劳动社会保障出版社出版发行

(北京市惠新东街 1 号 邮政编码：100029)

出 版 人：张梦欣

*

北京京华虎彩印刷有限公司印刷装订 新华书店经销

890 毫米×1240 毫米 32 开本 5.75 印张 1 彩插页 130 千字

2007 年 4 月第 1 版 2009 年 6 月第 2 次印刷

定价：12.00 元

读者服务部电话：010-64929211

发行部电话：010-64927085

出版社网址：http://www.class.com.cn

内容简介

本书共分五章，主要内容包括危险化学品从业单位安全生产概要、危险化学品基础知识、危险化学品的危险特性与安全事项、危险化学品安全生产知识与技术和危险化学品事故的典型案例。

本书可供危险化学品从业单位的农民工和从事安全生产工作的从业人员学习、使用。

本书由北京化工大学万平玉教授主编，金鑫、王志华、陈咏梅、于书平副教授参与编写，金鑫主审。

序

农民工是我国改革开放和工业化、城镇化进程中涌现的一支新型劳动大军，是推动我国社会经济发展的重要力量。目前，全国进城务工和在工矿商贸等企业就业的农民工总数超过2亿人，其中进城务工人员为1.2亿人左右。农民工为我国农村发展、城市繁荣和现代化建设作出了重要贡献，已成为产业工人的重要组成部分。

与此同时，农民工在生产劳动中的安全保障问题也越来越突出。据资料统计，企业中发生的生产安全伤亡事故，80%以上发生在农民工比较集中的中小企业；全国重特大伤亡事故与职业病新发生病例，基本上发生在农民工比较集中的煤矿、金属非金属矿山、危险化学品、烟花爆竹等高危行业。造成这些问题的重要原因之一，是企业安全生产培训主体责任不落实，对农民工的安全培训不到位，农民工的整体安全意识淡薄，缺乏必要的安全知识和自我防范能力。因此，强化农民工的安全意识，提高农民工的安全知识水平，加强对职业危害性较大的高危行业农民工的安全教育培训，已成为当前保护农民工根本利益和促进安全生产形势稳定好转的一项紧迫任务。

对此，国家安全生产监督管理总局高度重视农民工的安全培训工作，开展了广泛深入的调查研究，颁布了《关于加强农民工安全生产培训工作的意见》，不断完善法规标准，确保农民工安全培训依法进行。总局培训中心根据该《意见》的具体要求，组织有关专家编写了“高危行业农民工安全生产培训丛书”。本套丛书涵盖了煤矿、金属非金属矿山、危险化学品、烟花爆竹等高危行业，本着少而精、实用、管用的原则，以增强农民工安全生产意识、掌握安全生产常识和现场操作技能为重点编写。主要内容包括：安全生产法律法规；安全生产基本常识；安全生产操作规程；从业人员安全生产的权利和义务；事故案例分析；工作环境及危险因素分析；危险源和隐患源辨识；个人防险、避灾、自救方法；事故现场紧急疏散和急应处置；安全设施和个人劳动防护用品的使用和维护；职业病防治等。针对农民工的认知水平和特点，教材编写在内容上深入浅出，语言上通俗易懂，形式上图文并茂，以安全生产常识培训教育为主，既可用于培训机构进行培训和教学，也便于农民工理解和自学。

安全生产、劳动保护事关劳动者的身体健康和生命安全，是农民工最基本的劳动权利。我们衷心祝愿广大的农民工兄弟，通过本套丛书的学习培训，进一步提高自身安全素质，在生产劳动中努力做到“不伤害自己，不伤害他人，不被他人所伤害”。同时也希望各生产经营单位，严格按照有关法律法规的规定，认真落实安全生产、安全培训的主体责任，保障安全生产，实现企业的可持续发展。

国家安全生产监督管理总局副局长 孙华山

2007年5月11日

目　录

第一章 危险化学品从业单位安全生产概要

学习目标：

1. 加深对危险化学品从业单位安全生产三大要素的认识，了解危险化学品从业单位必须具备的安全生产基本条件、危险化学品从业人员必须具备的安全生产知识与技能，以及加强完善危险化学品从业单位安全生产监督管理的极端重要性。

2. 学习掌握《安全生产法》《危险化学品安全管理条例》《使用有毒物质作业场所劳动保护条例》中的一些重要条款，树立依法安全生产观念，学会依法自我保护。

3. 深刻领会安全知识与技能的教育培训是保障安全生产的关键所在，是危险化学品从业人员依法享有的权利与义务。

危险化学品是指那些一旦处置不当就容易导致爆炸、火灾、中毒、污染、氧化腐蚀等安全事故，对人体、物品及环境造成危害或破坏的化学品。在国家环境保护总局化学品登记中心《中国现有化学物质名录》（2005 版）中有 10%属于危险化学品。目前我国有危险化学品从业单位数十万家，正在从事着上千种吨级以上危险化学品的生产经营，从业人员上千万。由于危险化学品品种繁多、性质各异、危险程度各不相同，再加上危险化学品从业单位布点分散，生产规模平均较小，工艺设备相对落后，技术力量相对薄弱，安全技术装备与管理措施不到位，特别是大量招用未经严格安全培训的农民工直接上岗，因此在危险化学品生产经营过程中普遍存在着严重的安全隐患，这是导致我国化学安全事故频繁发生的主要原因。

化学安全事故的发生与危险化学品之间有着天然的联系，所以习惯上也时常把化学安全事故称作危险化学品事故。它具有意外突发的特点。提高对危险化学品及其事故隐患认知、预见与防范的能力，以遏制重大恶性危险化学品事故发生并最大限度地减轻事故损失，是当务之急。

危险化学品事故不仅可以造成生命财产损失和环境污染，而且还有可能带来严重的社会后果。比如，2004 年 4 月 15 日重庆天原化工总厂氯气泄漏导致 15 万人紧急疏散事件，2005 年 11 月 13 日吉林石化公司爆炸硝基苯污染松花江水事件，2006 年 7 月 28 日盐城氟源化工厂爆炸事件，2006 年 8 月 7 日天津宜坤精细化工厂爆炸事件等。防范危险化学品事故的发生是我国构建社会主义和谐社会的需要，危险化学品从业单位及从业人员的安全生产责任重大。

化工行业特别是危险化学品从业单位属于涉及易燃易爆及有毒

物质生产加工与开发利用的高风险领域，安全生产管理必须贯穿于整个生产、储存、经营、运输、使用和废弃处置等全过程，其间任何环节小的疏漏，都有可能造成灾难性后果。从保证危险化学品从业单位安全生产，保护从业人员健康不受伤害，保护财产不受损失、环境不受污染的高度出发，国家要求危险化学品从业单位必须具备有关法律法规、国家标准和行业标准规定的安全生产基本条件和资质方可开张，规定危险化学品从业人员必须具有危险化学品安全生产常识和危险化学品从业人员资格才准上岗。

危险化学品从业单位必须具备的安全生产基本条件包括：符合安全标准要求的生产技术设备与工艺；完善健全的安全管理制度规章、科学严谨的安全生产操作规程以及行之有效的安全生产管理；性能先进、配备齐全充足的安全技术装备；掌握必要安全生产知识与技能、安全意识强的从业人员。从理论上讲，危险化学品从业单位只有具备上述安全生产基本条件，才有可能通过获准危险化学品生产经营的资质认证。危险化学品从业人员，特别是新招的农民工，必须学习掌握必要的危险化学品安全生产常识，才能达到危险化学品从业人员资格认定的相关要求，才能从根本上预防安全事故的发生。

有关危险化学品安全生产的法律法规与管理条例，危险化学品的分类、标识与安全防范知识，危险化学品在生产、储存、经营、运输、使用以及废弃处置过程中的安全保障技术与装备，危险化学品安全事故应急救援以及危险化学品事故的典型案例等，都是危险化学品从业人员必须掌握的基本常识。本书将分章介绍。

本章主要介绍危险化学品从业单位安全生产的基本要素，依法加强从业单位安全生产管理并对从业人员进行安全教育培训的重要性以及相关的基本内容与要求。

第一节　从业单位安全生产的基本要素

保障危险化学品从业单位安全生产的三大基本要素包括：切实将安全技术措施及安全技术装备落实到位；严格依据国家安全生产法律法规及管理条例的相关规定，完善从业单位安全管理制度规章并具体落实到相关的责任人或部门；紧密结合从业单位自身特点，依法向所有从业人员认真传授必要的安全知识和技能，以及具体的安全管理规定明细。这是危险化学品从业单位需要高度重视的三个方面，作为从业人员对此应有所了解，以知晓自己在安全生产过程中所享有的正当权利和必须承担的责任与义务。

购置必要的安全技术装备，采取行之有效的安全技术措施，排除可预见的安全隐患，是危险化学品从业单位法人及其法人代表必须严格认真履行的职责。国家各级安全生产监督管理部门对危险化学品从业单位法人及其法人代表行使安全生产监督管理职权，从业单位不达安全技术标准要求不能颁发资质认证书。从业人员对于缺少基本安全保障、违规作业的行为，享有安全生产建议权以及拒绝作业或向上级举报的权利。有关危险化学品安全防范技术措施及安全技术装备方面的知识，详见第三章。

危险化学品安全管理，必须坚持从从业单位的实际情况与客观要求出发，以国家现行的有关安全生产的法律法规与管理条例为依据，有法可依，有法必依，做到从业单位安全管理制度规章尽可能完善并切实得到认真贯彻执行。

依法加强从业人员安全教育培训，必须充分体现以人为本、珍爱生命的理念和宗旨，从建设平安社会的认识高度把安全教育培训工作抓好做实，使从业人员切实掌握必要的安全生产知识与技能，增强安全意识。安全管理细则的制定与具体贯彻的情况如何，安全生产常识的传授与实际起到的效果好坏，取决于从业单位与从业人员之间是否在思想上达成共识，取决于双方是否相互积极配合。

第二节　危险化学品从业单位的安全生产管理

危险化学品从业单位的安全生产管理工作具体寓于危险化学品生产、经营、储存、运输、使用和废弃物处置的每一环节。在我国，现行的危险化学品安全管理保障体系是由国家和从业单位两个管理层面所组成的。

国家主要通过人大立法和各主管部门制定行政法规的形式，依法对危险化学品从业单位行使安全监管和政策引导，以保障人民群众生命、财产安全，促进经济发展，保护环境。

危险化学品从业单位内部安全管理，是以从业单位安全生产管理制度与规章的建立与制定为前提的，是通过从业单位安全生产管理制度与规章的贯彻实施来实现的，是危险化学品安全管理的重心，应该充分体现“以人为本”和“依法管理”的科学理念。

危险化学品从业人员应该自觉遵守国家有关危险化学品安全生产法律法规，自觉遵守从业单位安全生产规章制度和操作规程，珍爱生命，珍爱健康，对社会负责。

一、危险化学品从业单位安全生产管理的法律依据

危险化学品从业单位制定安全生产管理规章、规定的主要法律依据有《安全生产法》《劳动法》《职业病防治法》《消防法》《放射性污染防治法》《危险化学品安全管理条例》《使用有毒物质作业场所劳动保护条例》《安全生产许可证条例》《工作场所安全使用化学

品规定》《危险化学品生产企业安全生产许可证实施办法》和《危险化学品经营许可证管理办法》，它们是保护危险化学品从业人员健康平安与切身利益的重要法律文件。

2002 年全国人大通过的《安全生产法》分章对“生产经营单位的安全生产保障”“从业人员的权利和义务”“安全生产的监督管理”“生产安全事故的应急救援与调查处理”以及“法律责任”作了具体的规定与明确的说明。

2002 年国务院颁布实施的《危险化学品安全管理条例》分章对“危险化学品的生产、储存和使用”“危险化学品的经营”“危险化学品的运输”“危险化学品的登记与事故应急救援”以及“法律责任”作了具体的规定与明确的说明。这两个法律文件是危险化学品安全生产管理最重要的法律文件，是从业单位制定安全生产管理规章制度的最主要的法律依据，下面作摘要说明。

1.《安全生产法》

《安全生产法》第一章总则首先对制定本法的目的、对生产经营单位加强安全生产与管理的基本要求，以及对生产经营单位从业人员安全生产的权利与义务从法律角度进行了概括规定。主要内容包括：

•为了加强安全生产监督管理，防止和减少生产安全事故，保障人民群众生命和财产安全，促进经济发展，制定本法。

•安全生产管理，坚持“安全第一，预防为主，综合治理”的方针。

•生产经营单位必须遵守本法和其他有关安全生产的法律、法规，加强安全生产管理，建立、健全安全生产责任制度，完善安全生产条件；确保安全生产；必须执行依法制定的保障安全生产的国家标准或者行业标准。

•生产经营单位的从业人员有依法获得安全生产保障的权利，

并应当依法履行安全生产方面的义务。

《安全生产法》第二章对“生产经营单位的安全生产保障”作了规定。主要内容包括：

• 生产经营单位应当具备本法和有关法律、行政法规和国家标准或者行业标准规定的安全生产条件；不具备安全生产条件的，不得从事生产经营活动。

• 生产经营单位的主要负责人负有建立、健全本单位安全生产责任制，组织制定本单位安全生产规章制度和操作规程，保证本单位安全生产投入有效实施，督促、检查本单位安全生产工作，及时消除生产安全事故隐患，组织制定并实施本单位生产安全事故应急救援预案等职责。

• 危险化学品的生产、经营、储存单位，应当设置安全生产管理机构或者配备专职安全生产管理人员。

• 生产经营单位的主要负责人和安全生产管理人员必须具备与本单位所从事的生产经营活动相应的安全生产知识和管理能力。

• 生产经营单位应当对从业人员进行安全生产教育和培训，保证从业人员具备必要的安全生产知识，熟悉有关的安全生产规章制度和安全操作规程，掌握本岗位的安全操作技能。未经安全生产教育和培训合格的从业人员，不得上岗作业。

• 用于生产、储存危险物品的建设项目，应当分别按照国家有关规定进行安全条件论证和安全评价。

• 用于生产、储存危险物品的建设项目的施工单位必须按照批准的安全设施设计施工，并对安全设施的工程质量负责。

• 安全设备的设计、制造、安装、使用、检测、维修、改造和报废，应当符合国家标准或者行业标准。

• 生产经营单位生产、经营、运输、储存、使用危险物品或者处置废弃危险物品，必须执行有关法律、法规和国家标准或者行业标准，建立专门的安全管理制度，采取可靠的安全措施，接受有关主管部门依法实施的监督管理。

• 生产经营单位应当安排用于配备劳动防护用品、进行安全生产培训的经费。

《安全生产法》第三章具体规定了“从业人员的权利和义务”。主要内容包括：

• 生产经营单位与从业人员订立的劳动合同，应当载明有关保障从业人员劳动安全、防止职业危害的事项，以及依法为从业人员办理工伤社会保险的事项。生产经营单位不得以任何形式与从业人员订立协议，免除或者减轻其对从业人员因生产安全事故伤亡依法应承担的责任。

• 生产经营单位的从业人员有权了解其作业场所和工作岗位存在的危险因素、防范措施及事故应急措施，有权对本单位的安全生产工作提出建议。

• 从业人员有权对本单位安全生产工作中存在的问题提出批评、检举、控告；有权拒绝违章指挥和强令冒险作业。

• 从业人员发现直接危及人身安全的紧急情况时，有权停止作业或者在采取可能的应急措施后撤离作业场所。

• 从业人员在作业过程中，应当严格遵守本单位的安全生产规章制度和操作规程，服从管理，正确佩戴和使用劳动防护用品。

• 从业人员应当接受安全生产教育和培训，掌握本从业人员作业所需的安全生产知识，提高安全生产技能，增强事故预防和应急处理能力。

• 从业人员发现事故隐患或者其他不安全因素，应当立即向现场安全生产管理人员或者本单位负责人报告；接到报告的人员应当及时予以处理。

《安全生产法》第四章是有关“安全生产的监督管理”方面的内容。主要内容包括：

• 县级以上地方各级人民政府应当根据本行政区域内的安全生产状况，组织有关部门按照职责分工，对本行政区域内容易发生重大生产安全事故的生产经营单位进行严格检查；发现事故隐患，应当及时处理。

• 依照本法第九条规定对安全生产负有监督管理职责的部门（以下统称负有安全生产监督管理职责的部门）依照有关法律、法规的规定，对涉及安全生产的事项需要审查批准（包括批准、核准、许可、注册、认证、颁发证照等，下同）或者验收的，必须严格依照有关法律、法规和国家标准或者行业标准规定的安全生产条件和程序进行审查；不符合有关法律、法规和国家标准或者行业标准规定的安全生产条件的，不得批准或者验收通过。对未依法取得批准或者验收合格的单位擅自从事有关活动的，负责行政审批的部门发现或者接到举报后应当立即予以取缔，并依法予以处理。对已经依法取得批准的单位，负责行政审批的部门发现其不再具备安全生产条件的，应当撤销原批准。

• 负有安全生产监督管理职责的部门依法对生产经营单位执行有关安全生产的法律、法规和国家标准或者行业标准的情况进行监督检查，行使以下职权：进入生产经营单位进行检查，调阅有关资料，向有关单位和人员了解情况；在调查中，任何受调查者都应如实反映情况，不得以任何理由和借口隐瞒或谎报；对检查中发现的安全生产违法行为，当场予以纠正或者要求限期改正；对依法应当给予行政处罚的行为，依照本法和其他有关法律、行政法规的规定作出行政处罚决定；对检查中发现的事故隐患，应当责令立即排除；

重大事故隐患排除前或者排除过程中无法保证安全的，应当责令从危险区域内撤出作业人员，责令暂时停产停业或者停止使用；重大事故隐患排除后，经审查同意，方可恢复生产经营和使用；对有根据认为不符合保障安全生产的国家标准或者行业标准的设施、设备、器材予以查封或者扣押，并应当在十五日内依法作出处理决定。

• 承担安全评价、认证、检测、检验的机构应当具备国家规定的资质条件，并对其作出的安全评价、认证、检测、检验的结果负责。

• 任何单位或者个人对事故隐患或者安全生产违法行为，均有权向负有安全生产监督管理职责的部门报告或者举报。

《安全生产法》第五章规定了“生产安全事故的应急救援与调查处理”。主要内容包括：

• 危险物品的生产、经营、储存、使用单位以及矿山、建筑施工单位应当针对本单位的特点，制定事故应急预案，建立应急救援组织；生产经营规模较小，可以不建立应急救援组织的，应当指定兼职的应急救援人员。

• 危险物品的生产、经营、储存单位以及矿山、建筑施工单位应当配备必要的应急救援器材、设备，并有专人负责，进行经常性维护、保养，保证这些器材、设备的正常运转。

• 事故调查处理应当按照实事求是、尊重科学的原则，及时、准确地查清事故原因，查明事故性质和责任，总结事故教训，提出整改措施，并对事故责任者提出处理意见。

《安全生产法》第六章是有关“法律责任”方面的条文规定。

2.《危险化学品安全管理条例》

《危险化学品安全管理条例》第一章总则首先对制定本条例的目的、对危险化学品单位加强安全生产与管理以及对有关从业人员上岗前必须进行安全知识和技术的教育培训，合格后持证上岗的要求，以行政管理条例（行政法规）的形式作了概括规定。以下是部分有关条文的具体内容。

• 为了加强对危险化学品的安全管理，保障人民生命、财产安全，保护环境，制定本条例。

• 在中华人民共和国境内生产、经营、储存、运输、使用危险化学品和处置废弃危险化学品，必须遵守本条例和国家有关安全生产的法律、其他行政法规的规定。

• 本条例所称危险化学品，包括爆炸品、压缩气体和液化气体、易燃液体、易燃固体、自燃物品和遇湿易燃物品、氧化剂和有机过氧化物、有毒品和腐蚀品等。危险化学品列入以国家标准公布的《危险货物品名表》（GB 12268）剧毒化学品目录和未列入《危险货物品名表》的其他危险化学品，由国务院经济贸易综合管理部门会同国务院公安、环境保护、卫生、质检、交通部门确定并公布。①

• 生产、经营、储存、运输、使用危险化学品和处置废弃危险化学品的单位（以下统称危险化学品单位），其主要负责人必须保证本单位危险化学品的安全管理符合有关法律、法规、规章的规定和国家标准的要求，并对本单位危险化学品的安全负责。危险化学品单位从事生产、经营、储存、运输、使用危险化学品或者处置废弃危险化学品活动的人员，必须接受有关法律、法规、规章和安全知识、专业技术、职业卫生防护和应急救援知识的培训，并经考核合格，方可上岗作业。

《危险化学品安全管理条例》第二章对“危险化学品的生产、储存和使用”作了具体的规定。以下是部分有关条文的具体规定。

---

① 国家安全生产监督管理局及有关部门公布了《危险化学品名录》（2002 年版）和《剧毒化学品名录》（2002 年版）。

• 依法设立的危险化学品生产企业，必须向国务院质检部门申请领取危险化学品生产许可证；未取得危险化学品生产许可证的，不得开工生产。

• 使用危险化学品从事生产的单位，其生产条件必须符合国家标准和国家有关规定，并依照国家有关法律、法规的规定取得相应的许可，必须建立、健全危险化学品使用的安全管理规章制度，保证危险化学品的安全使用和管理。

• 危险化学品生产、储存企业，必须具备下列条件：有符合国家标准的生产工艺、设备或者储存方式、设施；工厂、仓库的周边防护距离符合国家标准或者国家有关规定；有符合生产或者储存需要的管理人员和技术人员；有健全的安全管理制度；符合法律、法规规定和国家标准要求的其他条件。

• 生产、储存、使用危险化学品的，应当根据危险化学品的种类、特性，在车间、库房等作业场所设置相应的监测、通风、防晒、调温、防火、灭火、防爆、泄压、防毒、消毒、中和、防潮、防雷、防静电、防腐、防渗漏、防护围堤或者隔离操作等安全设施、设备，并按照国家标准和国家有关规定进行维护、保养，保证符合安全运行要求。

• 生产、储存、使用剧毒化学品的单位，应当对本单位的生产、储存装置每年进行一次安全评价；生产、储存、使用其他危险化学品的单位，应当对本单位的生产、储存装置每两年进行一次安全评价。

• 生产危险化学品的，应当在危险化学品的包装内附有与危险化学品完全一致的化学品安全技术说明书，并在包装（包括外包装件）上加贴或者拴挂与包装内危险化学品完全一致的化学品安全标签。

• 危险化学品的包装必须符合国家法律、法规、规章的规定和国家标准的要求。危险化学品包装的材质、型号、规格、方法和单件质量（重量），应当与所包装的危险化学品的性质和用途相适应，便于装卸、运输和储存。

• 危险化学品专用仓库，应当符合国家标准对安全、消防的要求，设置明显标志。危险化学品专用仓库的储存设备和安全设施应当定期检测。

《危险化学品安全管理条例》第三章对“危险化学品的经营”作了具体的规定。以下是部分有关条文的具体内容。

• 国家对危险化学品经营销售实行许可制度。未经许可，任何单位和个人都不得经营销售危险化学品。

• 危险化学品生产企业不得向未取得危险化学品经营许可证的单位或者个人销售危险化学品。

• 危险化学品经营企业，必须具备下列条件：经营场所和储存设施符合国家标准；主管人员和业务人员经过专业培训，并取得上岗资格；有健全的安全管理制度；符合法律、法规规定和国家标准要求的其他条件。

• 经营危险化学品，不得有下列行为：从未取得危险化学品生产许可证或者危险化学品经营许可证的企业采购危险化学品；经营国家明令禁止的危险化学品和用剧毒化学品生产的灭鼠药以及其他可能进入人民日常生产生活的化学产品和日用化学品；销售没有化学品安全技术说明书和化学品安全标签的危险化学品。

《危险化学品安全管理条例》第四章对“危险化学品的运输”作了具体的规定。以下是部分有关条文的具体内容。

• 国家对危险化学品的运输实行资质认定制度；未经资质认定，不得运输危险化学品。危险化学品运输企业必须具备的条件由国务院交通部门规定。

•危险化学品运输企业，应当对其驾驶员、船员、装卸管理人员、押运人员进行有关安全知识培训；驾驶员、船员、装卸管理人员、押运人员必须掌握危险化学品运输的安全知识，并经所在地设区的市级人民政府交通部门考核合格（船员经海事管理机构考核合格），取得上岗资格证，方可上岗作业。危险化学品的装卸作业必须在装卸管理人员的现场指挥下进行。运输危险化学品的驾驶员、船员、装卸人员和押运人员必须了解所运载的危险化学品的性质、危害特性、包装容器的使用特性和发生意外时的应急措施。运输危险化学品，必须配备必要的应急处理器材和防护用品。

•通过公路运输危险化学品的，托运人员只能委托有危险化学品运输资质的运输企业承运。

•禁止利用内河以及其他封闭水域等航运渠道运输剧毒化学品以及国务院交通部门规定禁止运输的其他危险化学品。

•托运人托运危险化学品，应当向承运人说明运输的危险化学品的品名、数量、危害、应急措施等情况。

•运输危险化学品的槽罐以及其他容器必须封口严密，能够承受正常运输条件下产生的内部压力和外部压力，保证危险化学品在运输中不因温度、湿度或者压力的变化而发生任何渗（洒）漏。

《危险化学品安全管理条例》第五章“危险化学品的登记与事故应急救援”的部分条文主要内容如下：

•国家实行危险化学品登记制度，并为危险化学品安全管理、事故预防和应急救援提供技术、信息支持。

•危险化学品单位应当制定本单位事故应急救援预案，配备应急救援人员和必要的应急救援器材、设备，并定期组织演练。

•发生危险化学品事故，有关地方人民政府及其有关部门应当按照下列规定，采取必要措施，减少事故损失，防止事故蔓延、扩大：立即组织营救受害人员，组织撤离或者采取其他措施保护危害区域内的其他人员；迅速控制危害源，并对危险化学品造成的危害进行检验、监测，测定事故的危害区域、危险化学品性质及危害程度；针对事故对人体、动植物、土壤、水源、空气造成的现实危害和可能产生的危害，迅速采取封闭、隔离、洗消等措施；对危险化学品事故造成的危害进行监测、处置，直至符合国家环境保护标准。

• 危险化学品生产企业必须为危险化学品事故应急救援提供技术指导和必要的协助。

《危险化学品安全管理条例》第六章是有关“法律责任”方面的条文规定。

二、国家对危险化学品从业单位的安全监管

2002 年 1 月 26 日国务院第 344 号令颁布的《危险化学品安全管理条例》，于 2002 年 3 月 15 日起开始施行。

1.《危险化学品安全管理条例》对监管部门的要求

《危险化学品安全管理条例》将危险化学品生产、使用、储存、经营、运输、废弃 6 个主要环节，以及从建厂、生产、储存到停业的整个过程全部纳入监督管理的范围。危险化学品的安全监管共涉及 10 个部门，各部门的职责是：

（1）国务院和各省、自治区、直辖市人民政府经济贸易综合管理部门（安全监管部门）负责危险化学品的综合安全管理工作，包括危险化学品的生产、储存企业的设立及其改造、扩建的审查；危险化学品包装物、容器专业生产企业的审查和定点；危险化学品经营许可证的发放；国内危险化学品的登记；危险化学品事故应急救

援的组织和协调等各项具体工作及上述各项工作的监督检查。

（2）公安部门负责危险化学品的公共安全管理，具体负责发放剧毒化学品购买凭证和准购证；审查核发剧毒化学品公路运输通行证，对危险化学品道路运输安全实施监督检查。

（3）质检部门负责发放危险化学品及其包装物、容器的生产许可证；对危险化学品及其包装物、容器的产品质量实施监督。

（4）环境保护部门负责废弃危险化学品处置的监督管理；调查重大危险化学品污染事故和生态破坏事件；有毒化学品事故现场的应急监测和进口危险化学品的登记，并负责上述工作的监督检查。

（5）铁路部门负责危险化学品铁路运输和危险化学品铁路运输单位及其运输工具的安全管理及监督检查。

（6）民航部门负责危险化学品航空运输和危险化学品民航运输

单位及其运输工具的安全管理及监督检查。

(7) 交通部门负责危险化学品公路、水路运输单位及其运输工具的安全管理，对危险化学品水路运输安全实施监督，负责危险化学品公路、水路运输单位、驾驶人员、船员、装卸人员和押运人员的资质认定，并负责前述事项的监督检查。

(8) 卫生行政部门负责危险化学品的毒性鉴定和危险化学品事故伤亡人员的医疗救护工作。

(9) 工商行政管理部门依据有关部门的批准、许可文件，核发危险化学品生产、经营、储存、运输单位营业执照，并监督管理危险化学品市场经营活动。

(10) 邮政部门负责邮寄危险化学品的监督检查。

这样，根据分工负责、通力合作的原则，通过各部门在危险化学品相关环节的安全监督管理，可以推动危险化学品各环节的安全工作，从而保证危险化学品从生产、经营、储存、运输、使用和废弃处置全过程的安全。

2.《危险化学品安全管理条例》关于安全监管的基本制度

为了保证危险化学品安全监管工作的顺利实行，《危险化学品安全管理条例》还规定了危险化学品安全监管的各项基本制度，这些制度包括：

(1) 生产、储存企业的设立及改扩建项目的安全审查批准制度

设立剧毒化学品生产、储存企业和其他危化品生产、储存企业或进行企业改扩建的项目要经政府审查批准。获批准后方可到工商行政管理部门办理登记注册。

(2) 包装物、容器专业生产企业定点审批制度

危险化学品的包装物、容器，必须由省、自治区、直辖市人民政府经济贸易管理部门审查合格的专业生产企业定点生产。重复使

用的危险化学品包装物、容器在使用前，应当进行检查，并作出记录；检查记录应至少保存 2 年。

(3) 危险化学品经营许可制度

国家对危险化学品经营实行许可制度。未经许可，任何单位和个人都不得经营危险化学品。危险化学品经营企业，必须具备相关条件。经营剧毒化学品和其他危险化学品的，应当分别向省、自治区、直辖市人民政府经济贸易管理部门或者设区的市级人民政府负责危险化学品安全监督管理综合工作的部门提出申请。

(4) 运输企业资质条件审查制度

国家对危险化学品的运输实行资质认定制度。未经资质认定，不得运输危险化学品。这主要针对道路运输和水路环节，通过提高市场准入门槛和规范市场行为来达到安全运输的目的。

(5) 运输从业人员持证上岗制度

从事危险化学品运输的有关专业人员，如驾驶员、装卸员、押运员等要经交通部门考核合格，取得上岗资格证书方可上岗作业。

(6) 剧毒化学品购买、准购和准运制度

针对剧毒化学品运输过程中一旦发生事故，将产生比一般的危险化学品更大的危害性和社会影响的特点，《危险化学品安全管理条例》对购买剧毒化学品作出严格规定，实行购买剧毒化学品的准购证制度；对通过公路运输剧毒化学品的企业要事先申请办理剧毒化学品公路通行证，并在通过地的交通管理部门的监督和指挥下完成公路运输业务。

(7) 危险化学品登记制度

国家实行危险化学品登记制度，并为危险化学品安全管理、事故预防和应急救援提供信息和技术支持。危险化学品登记就是指危险化学品生产、经营、使用单位到国家指定机构按一定要求和程序进行注册登记，取得登记证明。所登记的危险化学品因使用、销售或变质等原因发生变更时，应有相应记录。对数量达到重大危险源的危险化学品的变更，要及时进行注册登记的更改。

（8）危险化学品从业人员培训考核制度

《危险化学品安全管理条例》规定，危险化学品单位从事生产、经营、储存、运输、使用危化品或处置废弃危化品活动的人员，必须接受有关法律、法规、规章和安全知识、专业技术、职业卫生防护和应急救援知识的培训，并经考核合格，方可上岗作业。

三、国家对危险化学品生产企业的安全生产许可管理与要求

为了从源头上防止和减少生产安全事故，国家对危险性较大、容易发生生产安全事故的从业单位实行严格的安全生产许可制度。2004年1月13日，国务院公布了《安全生产许可证条例》。2004年5月17日，国家安全生产监督管理局公布了《危险化学品生产企业安全生产许可证实施办法》，对危险化学品生产企业申办许可证应当具备的条件作了明确规定。

1. 安全生产管理方面。要有安全生产责任制、安全生产规章制度、岗位操作安全规程（安全操作法）和作业安全规程等安全生产制度；要有安全生产投入；要有安全管理机构和人员。

2. 从业人员条件。主要负责人、安全生产管理人员的安全生产知识和管理能力应当经考核合格；特种作业人员应当经有关业务主管部门考核合格，取得特种作业操作资格证书；其他从业人员应当按照国家有关规定，经安全教育和培训并考核合格后方能上岗作业。

3. 设备、设施。应符合有关法律、法规、规章和标准的规定；不得使用国家明令禁止使用的设备；应该对重大危险源进行有效检测和监控。

4. 工艺方法、路线。应符合有关法律、法规、规章和标准的规定；不得采用国家明令淘汰的工艺。

5. 作业场所。厂房应符合有关法律、法规、规章和标准的规定；生产、储存危险化学品的车间、仓库不得与员工宿舍在同一座建筑物内，并应与员工宿舍保持符合规定的安全距离；危险化学品生产装置和储存设施的周边防护距离符合有关法律、法规、规章和标准的规定；应该有相应的职业危害防护设施，并为从业人员配备符合有关国家标准或行业标准规定的劳动防护用品。进行消防设计的建筑工程需经公安消防机构验收合格。

6. 事故应急救援。各从事化学品的生产、经营、使用的单位应编制危险化学品事故和其他生产安全事故的应急救援预案；培训应急救援组织或应急救援人员；设立专职消防队和义务消防队；配备应急救援器材、设备。在此基础上，定期进行应急救援演习，并通过应急救援演习检查应急救援预案的科学性、可行性及其中的不合理部分，在救援演习后经过总结加以改进。

此外，危险化学品生产企业还应当依法进行安全评价；依法参加工伤保险，为从业人员缴纳保险费。

四、国家对作业场所安全使用有毒物品的管理规定

为了保证作业场所安全使用有毒物品，预防、控制和消除职业中毒危害，保护劳动者的生命安全、身体健康及其相关权益，《使用有毒物品作业场所劳动保护条例》从作业场所的预防措施、劳动过程的防护和职业健康监护等方面，专门对从事使用有毒物品作业的用人单位作了特殊的规定要求，要求用人单位必须在其使用有毒物品可能产生职业中毒危害的作业场所，采取必要的预防措施和劳动防护手段来避免、减少有毒物品对从业人员的人身伤害。

《使用有毒物品作业场所劳动保护条例》的有关规定摘要如下：

1. 按照有毒物品产生的职业中毒危害程度，有毒物品分为一般有毒物品和高毒物品。国家对作业场所使用高毒物品实行特殊管理。

2. 从事使用有毒物品作业的用人单位（以下简称用人单位）应当使用符合国家标准的有毒物品，不得在作业场所使用国家明令禁止使用的有毒物品或者使用不符合国家标准的有毒物品。用人单位应当尽可能使用无毒物品以替代有毒物品；需要使用有毒物品的，应当优先选择使用低毒物品。

3. 用人单位应当依照本条例和其他有关法律、行政法规的规定，采取有效的防护措施，预防职业中毒事故和有毒物对环境造成污染事故的发生，依法参加工伤保险，保障劳动者的生命安全和身体健康。

4. 使用有毒物品作业场所，除应当符合《职业病防治法》规定的职业卫生要求外，还必须符合下列要求：

（1）作业场所与生活场所分开，作业场所不得住人。

（2）有害作业与无害作业分开，高毒作业场所与其他作业场所隔离。

（3）设置有效的通风装置；可能突然泄漏大量有毒物品或者易造成急性中毒的作业场所，设置自动报警装置和事故通风设施。

（4）高毒作业场所设置应急撤离通道和必要的泄险区。

（5）使用有毒物品作业场所应当设置黄色区域警示线、警示标识和中文警示说明。警示说明应当载明产生职业中毒危害的种类、后果、预防以及应急救治措施等内容。高毒作业场所应当设置红色区域警示线、警示标识和中文警示说明，并设置通讯报警设备。

（6）用人单位应当依照《职业病防治法》的有关规定，采取有效的职业卫生防护管理措施，加强劳动过程中的防护与管理。从事使用高毒物品作业的用人单位，应当配备专职或者兼职的职业卫生医师和护士；不具备配备专职的或者兼职的职业卫生医师和护士条件的，应当与依法取得资质认证的职业卫生技术服务机构签订合同，由其提供职业卫生保障服务。

(7) 用人单位应当与劳动者订立劳动合同，将工作过程中可能产生的职业中毒危害及其后果、职业中毒危害防护措施和待遇等如实告知劳动者，并在劳动合同中写明，不得隐瞒或者欺骗。

(8) 用人单位有关管理人员应当熟悉有关职业病防治的法律、法规以及确保劳动者安全使用有毒物品作业的知识。用人单位应当对劳动者进行上岗前的职业卫生培训和在岗期间的定期职业卫生培训，普及有关职业卫生知识，督促劳动者遵守有关法律、法规和操作规程，指导劳动者正确使用职业中毒危害防护设备和个人使用的职业中毒危害防护用品。劳动者经培训考核合格，方可上岗作业。

(9) 用人单位应当确保职业中毒危害防护设备、应急救援设施、通讯报警装置处于正常适用状态，不得擅自拆除或者停止运行。用人单位应当对上述设施进行经常性的维护、检修，定期检测其性能和效果，确保其处于良好运行状态。职业中毒危害防护设备、应急救援设施和通讯报警装置处于不正常状态时，用人单位应当立即停止使用有毒物品作业；恢复正常状态后，方可重新作业。

(10) 用人单位应当为从事使用有毒物品作业的劳动者提供符合国家职业卫生标准的防护用品，并确保劳动者正确使用。

(11) 用人单位维护、检修存在高毒物品的生产装置，必须事先制订维护、检修方案，明确职业中毒危害防护措施，确保维护、检修人员的生命安全和身体健康。维护、检修存在高毒物品的生产装置，必须严格按照维护、检修方案和操作规程进行。维护、检修现场应当有专人监护，并设置警示标识。

（12）需要进入存在高毒物品的设备、容器或者狭窄封闭场所作业时，用人单位应当事先采取下列措施：

1）保持作业场所良好的通风状态，确保作业场所职业中毒危害因素浓度符合国家职业卫生标准。

2）为劳动者配备符合国家职业卫生标准的防护用品。

3）设置现场监护人员和现场救援设备。

未采取前款规定措施或者采取的措施不符合要求的，用人单位不得安排劳动者进入存在高毒物品的设备、容器或者狭窄封闭场所作业。

（13）用人单位应当按照国务院卫生行政部门的规定，定期对使用有毒物品作业场所职业中毒危害因素进行检测、评价。检测、评价结果存入用人单位职业卫生档案，定期向所在地卫生行政部门报告并向劳动者公布。

从事使用高毒物品作业的用人单位应当至少每一个月对高毒作业场所进行一次职业中毒危害因素检测；至少每半年进行一次职业中毒危害控制效果评价。

高毒作业场所职业中毒危害因素不符合国家职业卫生标准和卫生要求时，用人单位必须立即停止高毒作业，并采取相应的治理措施；经治理，职业中毒危害因素符合国家职业卫生标准和卫生要求的，方可重新作业。

（14）从事使用高毒物品作业的用人单位应当设置淋浴间和更衣室，并设置清洗、存放或者处理从事使用高毒物品作业劳动者的工作服、工作鞋帽等物品的专用间。劳动者结束作业时，其使用的工作服、工作鞋帽等物品必须存放在高毒作业区域内，不得穿戴到非高毒作业区域。

（15）用人单位应当按照规定对从事使用高毒物品作业的劳动者

进行岗位轮换。用人单位应当为从事使用高毒物品作业的劳动者提供岗位津贴。

（16）用人单位转产、停产、停业或者解散、破产的，应当采取有效措施，妥善处理留存或者残留有毒物品的设备、包装物和容器。

五、危险化学品从业单位安全生产规章制度和安全生产操作规程

危险化学品从业单位的安全生产规章制度和安全生产操作规程，是危险化学品从业单位根据安全生产的客观需要依法制定的安全管理守则与规程，是从业单位依法实施危险化学品安全生产管理的基本手段与核心内容，从业人员必须自觉地严格遵守。

危险化学品从业单位的安全生产规章制度和安全生产操作规程，会因企业所涉及的危险化学品的品种、属性、生产工艺设备以及经营方式的不同而有所差异。但是，一般都要包含以下几个方面：

1. 安全生产、储存、运输、使用相关危险化学品或处置废弃危险化学品的正确方法及操作规程，严格禁忌的物品或主要的安全注意事项。

2. 从业人员劳动纪律与安全生产守则。

3. 保持危险化学品生产设备设施、储存场所、运输工具、安全技术装备及设施的性能状况完好，例行监测检查制度与定期维护。

4. 对从业人员掌握相关安全知识与技能，正确使用安全技术装备及器材的基本要求。

5. 例行事故应急处置与自救互救的演练。

危险化学品从业单位在制定和实施安全生产规章制度和安全操作规程的过程中，应努力超越传统的作业驱动型的被动管理模式，积极营造建立在安全文化之上的更高层次的管理，从而使从业人员能够从原来服从管理的“要我安全”转变成自主管理的“我要安全”，真正提高安全生产的素质。这里所说的安全文化，是指以人为本，保护人的身心健康，尊重人的生命，实现人的安全价值的文化，是企业与从业人员达成共识，相互配合，最大限度地提高生产安全系数和劳动生产效率的现代安全管理文化。

第三节　危险化学品从业人员的安全教育培训

危险化学品从业单位的自身特点和现状，决定了危险化学品安全事故的复杂性和易发性，决定了我国对危险化学品从业人员加强安全教育培训的必要性和紧迫性。以有毒有害化学品生产、销售和使用的从业单位为例，2003 年全国共有这类从业单位 67 061 家，从业人员 972 万人，其中接触有毒有害化学品的近 250 万人，其中上岗前未经安全教育培训的农民工占有相当大的比例，当年仅被安监部门查处的没有按照规定开展职业安全培训的企业就有 11 788 家。这类从业单位规模小、数量多，是发生化学安全事故和职业病危害的重灾区。因此，必须切实加强对危险化学品从业人员的安全教育培训，使其牢记工作岗位安全生产须知并严格恪守。

每一个危险化学品从业人员，都应该积极参加专门的安全教育培训，学习掌握必要的安全生产知识与技能，借鉴他人经验，切实增强安全生产与自我保护意识，把危险化学品安全事故降至尽可能低的水平。

一、从业人员的安全教育培训

根据国家安全生产监督管理总局 2005 年 12 月 16 日发布的《危险化学品从业单位安全标准化规范》（试行）的要求，危险化学品从业单位应对从业人员进行安全培训教育和基本功训练，并经考核合格，保证其具备必要的安全生产知识和能力，熟悉有关的安全生产规章制度和安全操作规程，掌握本岗位的安全操作技能。

特种作业人员必须按照国家有关规定经专门的安全作业培训，取得特种作业操作资格证书，方可上岗作业，并按规定参加复审。

从业单位应对从事危险化学品运输的驾驶员、船员、装卸管理人员、押运人员进行有关安全知识培训；驾驶员、船员、装卸管理人员、押运人员必须经所在地设区的市级人民政府交通部门考核合格（船员经海事管理机构考核合格），取得上岗资格证，方可上岗作业。

新工艺、新技术、新装置、新产品投产前，其主管部门应组织编制新的安全操作规程，并进行专门培训。有关人员经考核合格后，方可上岗操作。

未经安全培训教育的从业人员，或培训考核不合格者，不得上岗。

二、新从业人员培训教育

从业单位应对新从业人员进行厂（公司）、车间（工段、区、队）、班组安全培训教育。

1. 厂（公司）安全培训教育的主要内容

（1）有关的法律、法规。

（2）安全生产和职业卫生基本知识。

（3）本单位安全生产规章制度、劳动纪律。

（4）作业场所存在的风险、防范措施及事故应急措施。

（5）有关事故案例等。

厂（公司）安全培训教育时间不少于 24 学时。

2. 车间（工段、区、队）安全培训教育的主要内容

（1）本车间（工段、区、队）安全生产特点。

（2）安全生产规章制度和安全操作规程。

（3）作业场所和工作岗位存在的风险及防范措施。

（4）典型事故案例及事故应急措施等。

车间（工段、区、队）安全培训教育时间不少于 24 学时。

3. 班组安全培训教育的主要内容

（1）岗位生产工艺流程、生产设备、岗位安全操作规程及安全注意事项。

（2）安全装置、劳动防护用品（用具）的性能、作用及正确使用方法。

（3）岗位事故预防措施、事故案例等。

班组安全教育时间不少于 8 学时。

三、其他人员培训教育

从业人员转岗、干部顶岗以及脱离岗位六个月以上者，应进行

车间（工段）、班组安全培训教育，经考核合格后，方可从事新岗位工作。

从业单位应对外来参观、学习等人员进行有关安全规定及安全注意事项的培训教育。

从业单位应对外来施工单位的作业人员进行入厂安全培训教育，经考核合格发放入厂证。进入作业现场前，应由作业现场所在单位对其进行进入现场前的安全培训教育。

四、日常安全教育

从业单位应开展班组安全活动，做好基本功训练。安全活动应有针对性、科学性，做到经常化、制度化、规范化，防止流于形式和走过场。班组安全活动应有负责人、有计划、有内容、有记录。从业单位管理人员和安全生产管理人员应对安全活动记录进行检查、签字。从业单位各级管理人员应定期参加班组安全活动。

从业单位安全生产管理部门应结合班组安全生产实际，制定班组安全活动计划，规定活动形式、内容和要求。

班组安全活动的主要内容包括：

1. 学习国家和政府有关安全生产的法律、法规。

2. 学习有关安全生产文件、安全通报、安全生产规章制度、安全操作规程及安全技术知识。

3. 讨论分析典型事故案例，总结和吸取事故教训。

4. 开展防火、防爆、防中毒及自我保护能力训练，以及异常情况紧急处理和应急预案演练。

5. 开展岗位安全技术练兵、比武活动。

6. 开展查隐患、反习惯性违章活动。

7. 开展安全技术座谈，观看安全教育电影和录相。

8. 熟悉作业场所和工作岗位存在的风险、防范措施。

9. 其他安全活动。

思 考 题

1. 危险化学品从业单位必须满足哪些条件才能获得生产经营许可证?

2. 危险化学品从业单位必须具备哪些安全生产防护措施?

3.《安全生产法》规定了从业人员具有哪些权利和义务?

4. 作为危险化学品从业人员，如何才能做到在保护自身的健康和人身安全的前提下，有效地完成生产任务?

5. 危险化学品从业单位的安全生产规章制度和安全生产操作规程，主要包含哪几方面的内容?

6. 为何要对危险化学品的生产、运输、经营、储存、使用等单位的从业人员进行安全教育培训? 主要包括哪些内容?

第二章 危险化学品基础知识

学习目标：

通过本章的学习，掌握有关危险化学品分类分项与警示标识的基本知识，对各类危险化学品的主要危险特性与安全注意事项有所了解，高度重视危险化学品安全标签的警示信息与作用，培养利用危险化学品安全技术说明书防范危险化学品安全事故的自觉性。

目前被收录在《危险化学品名录》中的危险化学品已多达近4 000种，它们分别具有易燃易爆、有毒有害、氧化腐蚀等不同的危险属性，只有将它们进行科学的分类与标识，并借助规范的化学品安全技术说明书，人们才能清晰地了解不同类项的众多的危险化学品的主要危险属性与安全注意事项，进而有针对性地采取正确的安全防范措施。

本章将分节介绍危险化学品的分类、标识以及化学品安全技术说明书，分类项介绍危险化学品的危险特性与安全事项。

第一节 危险化学品的分类

凡具有爆炸、燃烧、毒害、腐蚀、放射性等危险特性，在生产、储存、运输、经营、使用过程中可能发生化学安全事故造成人员伤亡、财产损毁或环境污染，需要特别防护的化学品，统称危险化学品。在运输过程又称危险货物。

GB 13690—1992《常用危险化学品的分类及标志》和 GB 6944—2005《危险货物分类和品名编号》对危险化学品所作的分类基本相同，它们将危险化学品分为以下 9 个类别：第 1 类——爆炸品，第 2 类——气体，第 3 类——易燃液体，第 4 类——易燃固体、易于自燃的物质、遇水放出易燃气体的物质，第 5 类——氧化性物质和有机过氧化物，第 6 类——毒性物质和感染性物质，第 7 类——放射性物质，第 8 类——腐蚀性物质，第 9 类——杂项危险物质和物品。对于那些具有多种危险属性的化学品，一般按照“择重入列”的原则进行分类，即按照危险化学品的主要危险属性进行分类。在“类别”下面又细分有“项别”。

我国的危险货物品名编号为 5 位阿拉伯数字，其中前两位分别表示类别和项别，后三位表示同一类项不同货物品名的编号，每一危险货物对应一个编号，通过危险货物品名编号可以识别出它属于哪类哪项危险化学品，还可以查出它的品名。对某些性质基本相同，运输、储存条件和灭火、急救、处置方法相同的危险货物，也可使用同一编号。

联合国危险货物运输专家委员会对危险货物品名的编号为 4 位阿拉伯数字，联合国编号均用 UN××××来表示。

一、爆炸品

爆炸品是指在外界作用下（如受热、受压、撞击等），能发生剧烈的化学反应，瞬时产生大量的气体和热量，使周围压力急骤上升并产生高压冲击波（发生爆炸），对周围物体造成破坏的化学品。

本类危险化学品分为以下 6 个项别，其爆炸危险性依序降低。

1. 有整体爆炸危险的物质和物品

例如：爆破用的电引爆雷管、非电引爆雷管、弹药用雷管，二硝基重氮苯酚、叠氮化铅、雷酸汞等起爆药，梯恩梯、黑索金、奥克托金、泰安、苦味酸、无烟火药、硝化棉、硝化淀粉、硝化甘油、黑火药及其制品。

2. 有迸射危险，但无整体爆炸危险的物质和物品

例如：带有爆炸装药的火箭、火箭弹头、炸弹，照明弹药、燃烧弹、催泪弹、毒性弹药，以及摄影闪光弹等。

3. 有燃烧危险并有局部爆炸危险或局部迸射危险或这两种危险都有，但无整体爆炸危险的物质和物品

本项包括：①可产生大量辐射热的物质和物品；②相继燃烧产生局部爆炸或迸射效应或两种效应兼而有之的物质和物品。比如：地面或空投照明弹、非起爆导火索、点火引信、苦胺酸钠、苦胺酸锆等。

4. 无重大危险的物质和物品

本项包括运输中万一点燃或引发时仅出现小危险的物质和物品；其影响主要限于包件本身，并预计射出的碎片不大、射程也不远，外部火烧不会引起包件内全部内装物的瞬间爆炸。如安全导火索、练习用手榴弹或枪榴弹、手提信号装置、爆炸式铆钉等。

5. 有整体爆炸危险但非常不敏感物质

本项包括有整体爆炸危险性、但非常不敏感以致在正常运输条件下引发或由燃烧转为爆炸的可能性很小的物质。

6. 无整体爆炸危险的极端不敏感物品

本项包括仅含有极端不敏感起爆物质、并且其意外引发爆炸或传播的概率可忽略不计的物品。但是，该项物品的危险仅限于单个物品的爆炸。

二、气体

本类气体指：

• 在 50℃时，蒸气压力大于 300 kPa 的物质。

• 20℃时在 101.3 kPa 标准压力下完全是气态的物质。

本类包括压缩气体、液化气体、溶解气体和冷冻液化气体、一种或多种气体与一种或多种其他类别物质的蒸气的混合物、充有气体的物品和烟雾剂。

本类根据气体在运输中的主要危险性分为 3 项。

1. 易燃气体

这里所讲的易燃气体是指可燃的压缩气体或液化气体，例如，压缩或液化的乙胺、一氧化碳、甲烷等，它们应符合以下 2 个条件之一：

（1）在 20℃和 101.3 kPa 条件下，与空气的混合物的体积分数不超过 13%即可点燃的气体。

（2）不论易燃下限如何，与空气混合，燃烧范围的体积分数至少为 12%的气体。

2. 非易燃无毒气体

这里所讲的非易燃无毒气体是指在 20℃、压力不低于 280 kPa 条件下运输或以冷冻液体状态运输的气体，它可以是窒息性气体（例如氮气）、氧化性气体（例如氧气）或不属于其他项别的气体。

3. 毒性气体

这里所讲的毒性气体是指具有较强毒性或腐蚀性的压缩气体或液化气体，例如，液氯、液氨等，半数致死浓度 LC_{50} 值小于 5 000 mL/m^3，对人类健康有较强的危害性。

对于具有两个项别以上危险性的气体和气体混合物，其危险性先后顺序为第 3 项毒性气体优先，第 1 项易燃气体优先第 2 项非易燃无毒气体。

三、易燃液体

本类易燃液体是指：

1. 闭杯试验闪点≤60.5℃、易于燃烧的液体、液体混合物或含有固体物质的液体，例如，汽油、乙醛、丙酮、苯、甲醇、环己烷、氯苯、苯甲醚、乙烯防腐漆等，但不包括由于其危险特性已列入其他类别的液体。

2. 液态退敏爆炸品。

四、易燃固体、易于自燃的物质、遇水放出易燃气体的物质

本类危险化学品分为以下 3 个项别：

1. 易燃固体

易燃固体是指：①燃点低，对热、撞击、摩擦敏感，易被外部火源点燃，燃烧迅速，并可能散发出有毒烟雾或有毒气体的固体，例如，红磷、硫磺、赛璐珞、硝化纤维、樟脑和乙醇的混合物等，但不包括已列入爆炸品的物品；②可能发生强烈放热反应的自反应物质，例如，脂肪族偶氮化合物、有机叠氮化合物、重氮盐等；③不充分稀释，可能发生爆炸的固态退敏爆炸品。

2. 易于自燃的物质

易于自燃的物质（又称自燃物品）是指自燃点低，在空气中易发生氧化反应，放出热量，而自行燃烧的物品。例如，黄磷、三乙基铝等。

3. 遇水放出易燃气体的物质

遇水放出易燃气体的物质（又称遇湿易燃物品）是指遇水或受

潮时，发生剧烈化学反应，放出大量的易燃气体和热量的物品。例如，金属钠、氢化钙等。这类危险品有的不需明火，它们遇水反应后放出的热量也能引起燃烧或爆炸。

五、氧化性物质和有机过氧化物

本类危险化学品分为以下 2 个项别：

1. 氧化性物质

氧化性物质（又称氧化剂）是指处于高氧化态，具有强氧化性，对热、震动或摩擦较敏感，易分解并放出氧和热量的物质。它本身不一定可燃，但通常作为助燃剂可以引起或促使其他物质燃烧，与松软的粉末状可燃物能组成爆炸性混合物。氯酸铵、高锰酸钾、双氧水以及其他含有过氧基的无机物都属于氧化性物质。

2. 有机过氧化物

有机过氧化物是指分子组成中含有过氧基的有机物，这类物质既是氧化剂又是可燃物。该物质为具有高反应活性的热不稳定物质，对热、震动或摩擦极为敏感，极易发生放热的自加速分解，燃烧时不需外界提供氧气，在条件合适的情况下可发生爆炸，与其他物质错混时可能发生快速放热反应的危险性很大，此外还容易对眼睛造成损害。典型的有机过氧化物有：过氧化苯甲酰、过氧化甲乙酮等。

六、毒性物质和感染性物质

本类危险化学品分为以下 2 个项别：

1. 毒性物质

毒性物质（又称有毒品）是指当经吞食、吸入或皮肤接触进入机体累积达到某一较小量值时，即有可能与体液和器官组织发生生物化学作用或生物物理学作用，扰乱或破坏肌体的正常生理功能，引起某些器官和系统暂时性或持久性的病理改变，甚至危及生命，造成死亡或严重受伤或健康损害的物质。

毒性物质的毒性分为急性口服毒性、皮肤接触毒性和吸入毒性，它通常分别用口服毒性半数致死量 LD_{50}、皮肤接触毒性半数致死量 LD_{50}、吸入毒性半数致死浓度 LC_{50} 来衡量。所谓毒性物质，其毒性一般达到以下指标：

（1）经口摄取半数致死量：固体 $LD_{50}\leqslant200$ mg/kg，液体 $LD_{50}\leqslant500$ mg/kg。

（2）经皮肤接触 24 h，半数致死量 $LD_{50}\leqslant1\ 000$ mg/kg。

（3）粉尘、烟雾及蒸气吸入半数致死浓度 $LC_{50}\leqslant10$ mg/L 的固体或液体。例如，各种氰化物、砷化物、农药、天然毒素、有毒重金属及其化合物等。

2. 感染性物质

感染性物质是指含有传染性的病原体的物质，包括生物制品、诊断样品、基因突变的微生物与生物体、携带病菌病毒的其他媒介、病毒蛋白等。

七、放射性物质

含有放射性核素且其放射性活度浓度和总活度都分别超过 GB 11806—2004《放射性物质安全运输规程》规定的限值的物质，统称放射性物质，在运输过程又称放射性物品。放射性物品是指放射性比活度大于 7.4×10^4 Bq/kg 的物品。例如，硝酸钍、夜光粉等。

八、腐蚀性物质

腐蚀品是指能灼伤人体组织并对金属等物品造成损坏的固体或液体。与皮肤接触在 4 小时内出现可见坏死现象，或温度在 55℃时，对 20 号钢的表面均匀年腐蚀率超过 6.25 mm/年的固体或液体。例如，硫酸、硝酸、盐酸等酸性腐蚀品，氢氧化钠、硫化钡等碱性腐蚀品，以及甲醛溶液、苯酚钠等其他腐蚀品。

九、杂项危险物质和物品

具有其他类别未包括的危险的物质和物品，例如，危害环境物质、高温物质，经过基因修改的微生物或组织等。

第二节　危险化学品标识标签

GB 13690—1992《常用危险化学品的分类及标志》和 GB 190—1990《危险货物包装标志》分别规定了危险化学品和危险货物的包装标志，下面分别介绍。

一、危险化学品的包装标志

1. 标志的种类

根据常用危险化学品的危险特性和类别，它们的标志设主标志16种和副标志11种，共有27种标志。

2. 标志的图形、颜色

主标志是由表示危险特性的图案、文字说明、底色和危险品类别号4个部分组成的菱形标志。副标志图形中没有危险品类别号。

常用危险化学品的标志图案、颜色和文字说明见本书后彩色插页。

3. 标志的尺寸

常用危险化学品的标志尺寸或危险货物包装标志尺寸一般分为4种，见表2—1。

表2—1　常用危险化学品的标志尺寸　mm

尺　寸	长	宽
1	50	50
2	100	100
3	150	150
4	250	250

注：如遇特大或特小的运输包装件，标志的尺寸可按规定适当扩大或缩小。

4. 标志的使用

标志的使用原则：当一种危险化学品具有一种以上的危险性时，应用主标志表示主要危险性类别，并用副标志来表示重要的其他的危险性类别。如丙烯腈具有易燃性质和有毒性质，醋酸具有易燃性质和腐蚀性质。丙烯腈主要危险性质是易燃，主标志是易燃液体标志，副标志是有毒标志。醋酸主要危险性是易腐蚀，主标志是腐蚀标志，副标志是易燃标志。

标志的使用方法如下：

（1）标志的标打，可采用粘贴、钉附及喷涂等方法。

（2）标志的位置规定：箱状包装，位于包装端面或侧面的明显处；袋、捆包装，位于包装明显处；桶形包装，位于桶身或桶盖；集装箱、成组货物，粘贴四个侧面。

标志应由生产单位在货物出厂前标打，出厂后如改换包装，其标志由改换包装单位标打。

二、危险货物包装标志

危险货物包装标志是货物运输包装中的一种特殊标志，用统一规定的图案和文字来显示出货物的危险性质。在装卸、运输、储存过程中要注意危险货物的标志，按其性质采取相应的安全措施，确保货物、人身安全。

GB 190—1990《危险货物包装标志》规定了危险货物包装标志的种类、名称及颜色等。标志的图形共 21 种，19 个名称，其图形分别标示了 9 类危险货物的主要特性。详见本书后彩色插页。

危险货物包装标志的尺寸、颜色、使用方法等与危险化学品标志一致。

三、化学品安全标签

化学品安全标签是针对化学品而设计的一种标识。建立化学品安全标签制度，对所有化学品进行标识，正确识别和区分危险化学品，是安全使用化学品，预防和控制化学危害及化学品事故发生的基本措施之一。

安全标签的作用是警示能接触到此化学品的人员。主要是对市场上流通的化学品以工人易于理解的方式加贴标签，通过加贴标签的形式进行危险性标识，提供其类别、危害性和提出安全使用的注意事项，向作业人员传递安全信息，以使从业人员了解危险化学品的危险特征，认识可能产生灾害事故的主要类型及其危险程度，以预防和减少化学危害，达到保障安全和健康的目的。化学品安全标签目前已国际化。

GB 15258—1999《化学品安全标签编写规定》规定了化学品安全标签的内容和编写要求。该标准适用于爆炸品、压缩气体和液化气体、易燃液体、易燃固体、自燃物品和遇湿易燃物品、氧化剂和有机过氧化物、毒害品和腐蚀品以及其他对人体和环境具有危害的化学品安全标签的编写。

1. 化学品安全标签的内容

化学品安全标签用简单、明了、易于理解的文字、图形符号和编码的组合形式表示化学品所具有的危险性和安全注意事项。

（1）化学品和其主要有害组分标识

1）化学品名称。用中文和英文分别标明化学品的通用名称。名称要求醒目清晰，位于标签的正上方。

2）分子式。用元素符号和数字表示分子中各原子数，居名称的下方。若是混合物此项可略。

3）化学成分及组成。标出化学品的主要成分和含有的有害组分、含量或浓度。

4）编号。标明联合国危险货物编号，用 UN No. 表示。

5）标志。用危险性标志表示各类化学品的危险特性，每种化学品最多可选用两个标志。标志采用联合国《关于危险货物运输的建议书》和 GB 13690 规定的符号。标志符号居标签右边。

（2）警示词

根据化学品的危险程度和类别，用“危险”“警告”“注意”三个词分别进行危害程度（高度、中度、低度）的警示。当某种化学品具有两种及两种以上的危险性时，用危险性最大的警示词。

警示词位于化学品名称的下方，要求醒目、清晰。警示词与化学品危险性类别的对应关系如下：

“危险”表示爆炸品、易燃气体、有毒气体、低闪点液体、一级自燃物品、一级遇湿易燃物品、一级氧化剂、有机过氧化物、剧毒品、一级酸性腐蚀品。

“警告”表示不燃气体、中闪点液体、一级易燃固体、二级自燃物品、二级遇湿易燃物品、二级氧化剂、有毒品、二级酸性腐蚀品、一级碱性腐蚀品。

“注意”表示高闪点液体、二级易燃固体、有害品、二级碱性腐蚀品、其他腐蚀品。

（3）危险性概述

简要概述化学品燃烧爆炸危险特性、毒性和对人体健康危害及环境危害。概述要与危险标志相一致。居警示词下方。

（4）安全措施

表述化学品在处置、搬运、储存和使用作业中所必须注意的事项和发生意外时简单有效的救护措施等，要求内容简明扼要、重点突出。

（5）灭火

化学品为易（可）燃或助燃物质，应提示有效的灭火剂和禁用的灭火剂以及灭火注意事项。若化学品为不燃物质，此项可略。

（6）批号

注明生产日期及生产班次。生产日期用××××年××月××日表示，班次用××表示。

（7）提示向生产销售企业索取安全技术说明书

应予注明。

（8）生产企业名称、地址、邮编、电话

应予注明。

（9）应急咨询电话

填写化学品生产企业的应急咨询电话和国家化学事故应急咨询电话。该电话提供化学品事故应急服务。也可通过电话咨询有关危险化学品安全标签的制作。

2. 化学品安全标签编写和制作

（1）编写

标签正文应简捷、明了、易于理解，要采用规范的汉字表述，也可以同时使用少数民族文字或外文，但意义必须与汉字相对应，字形应小于汉字。相同的含义应用相同的文字和图形表示。具体参照 GB 15258 附录 A、附录 B 所提供的短语进行编写。当某种化学品有新的信息发现时，标签应及时修订、更改。

（2）颜色

标签内标志的颜色按 GB 13690 规定执行，正文应使用与底色反差明显的颜色，一般采用黑白色。

（3）印刷

标签的边缘要加一个边框，边框外应留≥3 mm 的空白。标签的印刷应清晰，所使用的印刷材料和胶粘材料应具有耐用性和防水性。安全标签可单独印刷，也可与其他标签合并印刷。

3. 标签样例

许多企业按照国家标准 GB 15258—1999《化学品安全标签编写规定》，结合企业产品实际，制作了非常实用的危险化学品安全标签。样例见图 2—1。

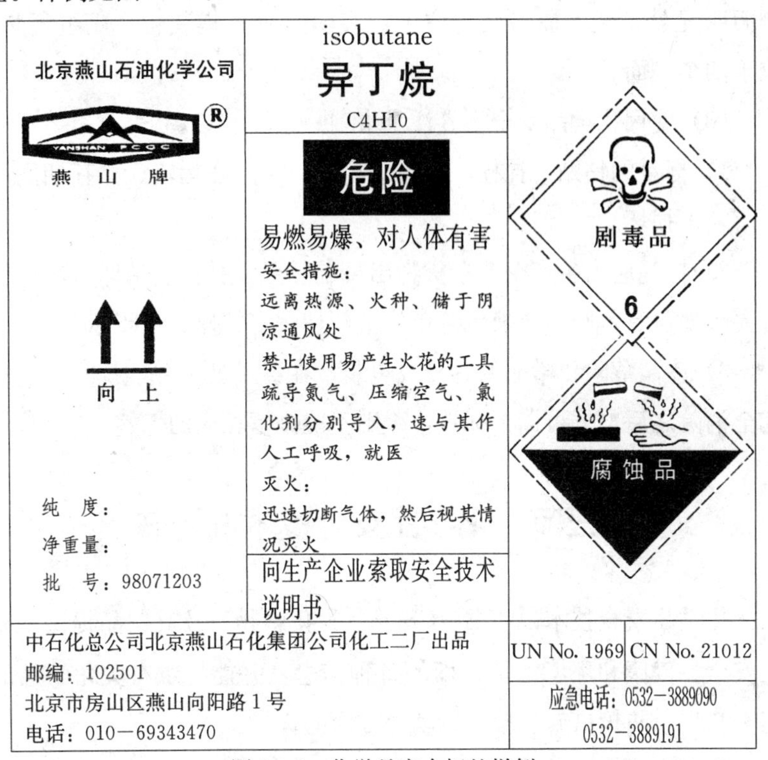

图 2—1　化学品安全标签样例

4. 化学品安全标签的使用

（1）化学品安全标签使用方法

标签应粘贴、挂拴、喷印在化学品包装或容器的明显位置。多层包装运输，原则上要求内外包装都应加贴（挂）安全标签，但若外包装上已加贴安全标签，内包装是外包装的衬里，内包装上可免贴安全标签；外包装为透明物，内包装的安全标签可清楚地透过外包装，外包装可免加标签。在化学品运输和使用的每一个阶段，均能在包装上看到化学品的识别标志。

（2）化学品安全标签位置

桶、瓶形包装：位于桶、瓶侧身；箱状包装：位于包装端面或侧面明显处；袋、捆包装：位于包装明显处；集装箱、成组货物：位于四个侧面。

（3）使用化学品安全标签注意事项

1）标签的粘贴、挂栓、喷印应牢固，保证在运输、储存期间不脱落，不损坏。

2）标签应由生产企业在货物出厂前粘贴、挂拴、喷印。出厂后若要改换包装，则由改换包装单位重新粘贴、挂拴、喷印标签。

3）盛装危险化学品的容器或包装，在经过处理并确认其危险性完全消除之后，方可撕下标签，否则不能撕下相应的标签。

第三节　化学品安全技术说明书

化学品安全技术说明书（CSDS）为化学物质及其制品提供了有关安全、健康和环境保护方面的各种信息，并能提供有关化学品的基本知识、防护措施和应急行动等方面的资料。

为建立统一的技术说明书书写格式，GB 16483—2000《化学品安全技术说明书编写规定》制定了一些基本原则（如标题措词、编号和前后顺序的确定等），规定了化学品安全技术说明书（CSDS）的内容和编写要求。

一、化学品安全技术说明书的内容

化学品安全技术说明书（CSDS）包括以下16部分内容。

1. 化学品及企业标识

主要标明化学品名称、生产企业名称、地址、邮编、电话、应急电话、传真和电子邮件地址等信息。

2. 成分/组成信息

标明该化学品是纯化学品还是混合物。纯化学品，应给出其化学品名称或商品名和通用名。混合物，应给出危害性组分的浓度或浓度范围。

无论是纯化学品还是混合物，如果其中包含有害性组分，则应给出化学文摘索引登记号（CAS号）。

3. 危险性概述

简要概述本化学品最重要的危害和效应，主要包括：危害类别、侵入途径、健康危害、环境危害、燃爆危险等信息。

4. 急救措施

指作业人员意外的受到伤害时，所需采取的现场自救或互救的简要处理方法，包括：眼睛接触、皮肤接触、吸入、食入的急救措施。

5. 消防措施

主要表示化学品的物理和化学特殊危险性，合适的灭火介质，不合适的灭火介质以及消防人员个体防护等方面的信息，包括：危险特性、灭火介质和方法，灭火注意事项等。

6. 泄漏应急处理

指化学品泄漏后现场可采用的简单有效的应急措施、注意事项和消除方法，包括：应急行动、应急人员防护、环保措施、消除方法等内容。

7. 操作处置与储存

主要是指化学品操作处置和安全储存方面的信息资料，包括：操作处置作业中的安全注意事项、安全储存条件和注意事项。

8. 接触控制/个体防护

在生产、操作处置、搬运和使用化学品的作业过程中，为保护作业人员免受化学品危害而采取的防护方法和手段。包括：最高容许浓度、工程控制、呼吸系统防护、眼睛防护、身体防护、手防护、其他防护要求。

9. 理化特性

主要描述化学品的外观及理化性质等方面的信息，包括：外观与性状、pH 值、沸点、熔点、相对密度（水=1）、相对蒸气密度（空气=1）、饱和蒸气压、燃烧热、临界温度、临界压力、辛醇/水分配系数、闪点、引燃温度、爆炸极限、溶解性、主要用途和其他一些特殊理化性质。

10. 稳定性和反应性

主要叙述化学品的稳定性和反应活性方面的信息，包括：稳定性、禁配物、应避免接触的条件、聚合危害、分解产物。

11. 毒理学资料

提供化学品的毒理学信息，包括：不同接触方式的急性毒性（如 LD_{50}、LC_{50}）、刺激性、致敏性、亚急性和慢性毒性，致突变性、致畸性、致癌性等。

12. 生态学资料

主要陈述化学品的环境生态效应、行为和转归，包括：生物效应（如 LD_{50}、LC_{50}）、生物降解性、生物富集、环境迁移及其他有害的环境影响等。

13. 废弃处置

是指对被化学品污染的包装和无使用价值的化学品的安全处理方法，包括废弃处置方法和注意事项。

14. 运输信息

主要是指国内、国际化学品包装、运输的要求及运输规定的分类和编号，包括：危险货物编号、包装类别、包装标志、包装方法、UN 编号及运输注意事项等。

15. 法规信息

主要是化学品管理方面的法律条款和标准。

16. 其他信息

主要提供其他对安全有重要意义的信息，包括：参考文献、填表时间、填表部门、数据审核单位等。

二、化学品安全技术说明书的编写和使用

1. 化学品安全技术说明书的编写

安全技术说明书规定的 16 大项内容在编写时不能随意删除或合并，其顺序不可随意变更。各项目填写的要求、边界和层次，按“填写指南”进行。其中 16 大项为必须填，而每个小项可有 3 种选择，标明［A］项者，为必须填；标明［B］项者，此项若无数据，应写明无数据原因（如无资料、无意义）；标明［C］项者，若无数据，此项可略。

安全技术说明书的正文应采用简洁、明了、通俗易懂的规范汉字表述。数字资料要准确可靠，系统全面。

安全技术说明书的内容，从该化学品的制作之日算起，每五年更新一次，若发现新的危害性，在有关信息发布后的半年内，生产企业必须对安全技术说明书的内容进行修订。

2. 化学品安全技术说明书的种类

安全技术说明书采用“一个品种一卡”的方式编写，同类物、同系物的技术说明书不能互相替代；混合物要填写有害性组分及其含量范围。所填数据应是可靠和有依据的。一种化学品具有一种以上的危害性时，要综合表述其主、次危害性以及急救、防护措施。

3. 化学品安全技术说明书的使用

安全技术说明书由化学品的生产供应企业编印，在交付商品时提供给用户，作为给用户的一种服务随商品在市场上流通。化学品的用户在接收使用化学品时，要认真阅读技术说明书，了解和掌握化学品的危险性，并根据使用的情形制定安全操作规程，选用合适的防护器具，培训作业人员。

4. 化学品安全技术说明书的资料的可靠性

安全技术说明书的数值和资料要准确可靠，选用的参考资料要有权威性，必要时可咨询省级以上职业安全卫生专门机构。

当化学品的性质特点及安全措施有新的发现时，安全技术说明书应进行相应的变更，危险化学品的生产企业有义务将变更的安全技术说明书通知其用户。

思考题

1. 危险化学品通常分为哪几大类？

2. 危险化学品安全标签包括哪些主要内容？

3. 常用危险化学品的主标志有几种？副标志有几种？它们主要在什么场合使用？

4. 危险化学品安全技术说明书主要包含哪些内容与安全信息？应由谁提供？

第三章 危险化学品的危险特性与安全事项

第一节 爆炸品的危险特性与安全事项

一、爆炸品的危险特性

1. 爆炸性是一切爆炸品的主要特性

爆炸品都具有化学不稳定性和爆炸性，当它从外界获得一定量的起爆能时，将发生猛烈的化学反应，在极短时间内释放大量热量和气体而发生爆炸性燃烧，产生对周围的人、畜及建筑物具有很大破坏性的高压冲击波，并通常酿成火灾。

2. 对撞击、摩擦、温度等非常敏感

爆炸品的爆炸所需的最小起爆能称为该爆炸品的感度。摩擦、撞击、震动、高热，都有可能给爆炸物爆炸提供足够的起爆能。所以，对于爆炸品而言，必须严格远离发热源，并避免发生剧烈撞击和摩擦情况，做到轻拿轻放。火药、炸药、各类弹药、含氮量大于12.5％的硝酸酯类、含高氯酸大于72％的高氯酸盐类爆炸品，都对撞击、摩擦、温度等非常敏感。

3. 爆炸产物有毒

梯恩梯、硝化甘油、苦味酸、雷汞等爆炸品本身都具有一定的毒性。它们在发生爆炸时，产生一氧化碳、二氧化碳、一氧化氮、二氧化氮、氰化氢、氮气等有毒或窒息性气体，会使大量有害物质外泄，造成人员中毒、窒息和环境污染。

4. 与酸、碱、盐、金属发生反应

有些爆炸品与某些化学品反应可能生成更容易爆炸的化学品。比如：苦味酸遇某些碳酸盐能反应生成更易爆炸的苦味酸盐；苦味酸受铜、铁等金属撞击，可立即发生爆炸。

5. 易产生或聚集静电

爆炸品大多是电的不良导体。在包装、运输过程中容易产生静电，一旦发生静电放电也可引起爆炸。

二、爆炸品的安全事项

1. 爆炸品的包装

包装的材料应与所装爆炸品的性质不相抵触，严密不漏、耐压、防震、衬垫妥实，并有良好的隔热作用，单件包装应符合有关包装的规定。

2. 爆炸品的装卸与搬运

在爆炸品的装卸与搬运过程中，开关车门、车窗不得使用铁撬棍、铁钩等铁质工具，必须使用时，应采取具有防火花涂层等防护措施的工具。装卸搬运时，不准穿铁钉鞋，使用铁轮、铁铲头推车和叉车，应有防火花措施。禁止使用可能发生火花的机具设备。照明应使用防爆灯具。作业时应轻拿轻放，避免摔碰、撞击、拖拉、摩擦、颠簸、震荡、翻滚。整体爆炸物品、抛射爆炸物品和燃烧爆炸物品的装载和堆码高度不得超过 1.8 米。车、库内不得残留酸、碱、油脂等物质。发现跌落破损的货件不得装车，应另行放置，妥善处理。严禁与氧化剂、酸、碱、盐类、金属粉末和钢材料器具等混储混运。

3. 爆炸品的存放与保管

爆炸品必须存放于专库内，库房应有避雷装置、防爆灯及低压防爆开关。仓库应由专人负责保管。库内应保持清洁，并隔绝热源与火源，在温度40℃以上时，要采取通风和降温措施。爆炸品的堆垛间及堆垛与库墙间应有0.5米以上的间隔。要避免日光直晒。

4. 爆炸品的遗撒处理与消防

对遗撒的爆炸品应及时用水润湿，撒以松软物后轻轻收集，并通知公安和消防人员处理。禁止将收集的遗撒物品装入原包件中。

有火灾危险时，应尽可能将爆炸品转移或隔离，不能转移或隔离时，要立即组织人员疏散。

扑救爆炸品火灾时，禁用酸碱灭火器，切忌用沙土覆盖，以免增强爆炸物品爆炸时的威力。可用水或其他灭火器灭火。扑救爆炸品堆垛火灾时，水流应采用吊射，避免强力水流直接冲击堆垛，以免堆垛倒塌引起再次爆炸。施救人员应配备防毒面具。

第二节　压缩气体和液化气体的危险特性与安全事项

一、压缩气体和液化气体的危险特性

1. 易燃易爆性

超过半数的压缩气体和液化气体是易燃气体，有61%的气体具有火灾危险。易燃气体的主要危险特性就是极其易燃易爆，所有处于燃烧浓度范围之内的易燃气体，遇着明火、高温都能燃烧或爆炸，有的甚至只需极微小能量就可发生燃爆事故。易燃气体一旦点燃，

在极短的时间内就能全部燃尽，爆炸危险很大，灭火难度很大。防火工作必须做在前面。乙炔、氢气、甲烷、一氧化碳等低分子量的压缩气体，是最危险的有机可燃气体。

2. 流动扩散性

压缩气体和液化气体能自发地充满任何容器，非常容易扩散。比空气轻的气体在空气中可以无限制地扩散，能与空气形成爆炸性混合物，顺风飘荡，致使着火爆炸和蔓延扩展；大多数易燃气体比空气重，能扩散相当远，飘流在地表、沟渠、隧道、厂房死角等处，长时间聚集不散，遇火源发生燃烧或爆炸并把火焰沿气流相反方向引回，易于造成火势扩大。这类危险化学品的防火区域应远远大于其他类型的危险化学品。

3. 受热膨胀、气压升高

存于钢瓶中的压缩气体和液化气体通常都具有较高的气压。当温度升高时，气体的膨胀与气化趋势增强，钢瓶内气体的压力将随之升高。过度受热将导致气压大幅攀升，一旦气压超过了容器的耐压强度时，就会引起容器破裂发生物理性爆炸，或导致气瓶阀门松动漏气，酿成火灾或中毒等事故。预防避免储气钢瓶过度受热、强烈震动或遭受撞击极其重要。

4. 易产生或聚集静电

压缩气体和液化气体从管口或破损处高速喷出时，由于强烈的摩擦作用，会产生静电。带电性也是评定压缩气体和液化气体火灾危险性的参数之一。

5. 腐蚀毒害性

除氧气和压缩空气外，压缩气体和液化气体大都具有一定毒害性和腐蚀性。对人畜有强烈的毒害、窒息、灼伤、刺激作用的有：硫化氢、氰化氢、氯气、氟气、氢气等。它们通常还对设备有严重的腐蚀破坏作用，例如，硫化氢能腐蚀设备，削弱设备的耐压强度，严重时可导致设备裂缝、漏气，引起火灾等事故；氢在高压下渗透到碳素中去，能使金属容器发生“氢脆”。因此，对盛装腐蚀性气体的容器，要采取一定的密封与防腐措施。

6. 窒息性

压缩气体和液化气体都有一定的窒息性（氧气和压缩空气除外），尤其是那些不燃无毒气体，例如二氧化碳、氮气、氦、氩等惰性气体，人们对它们的危险性不太重视，一旦它们发生泄漏，若不采取相应的通风措施，能使人窒息死亡。

7. 氧化性

压缩气体和液化气体的氧化性主要有 2 种情况：一是助燃气体，例如氧气、压缩空气、一氧化二氮，有强烈的氧化作用，遇油脂能发生燃烧或爆炸；二是有毒气体，本身不燃，但氧化性很强，与可燃气体混合后能发生燃烧或爆炸，如氯气与乙炔混合即可爆炸，氯气与氢气混合见光可爆炸，氟气遇氢气即爆炸。

二、压缩气体和液化气体的安全事项

1. 压缩气体和液化气体包装

盛装此类货物的钢瓶必须按规定达到安全标准，通常应以耐压的气瓶装运，部分沸点高于常温的气体，可用安瓿瓶或质量良好的玻璃、塑料、金属容器盛装，个别气体亦可采用特殊容器装运。在向容器、气瓶内充装时，要注意极限温度和压力，严格控制充装装置。严禁超量灌装、超温、超压造成事故。

2. 压缩气体和液化气体装卸与搬运

在储存、运输和使用过程中，一定要注意采取有效的防火、防晒、隔热措施。储运气瓶时应检查：气瓶上的漆色及标志与各种单据上的品名是否相符，包装、标志、防震胶圈是否齐备，气瓶钢印标志的有效期，瓶壁是否有腐蚀、损坏、凹陷、鼓泡和伤痕等。应使用抬架或搬运车，装卸时必须轻装轻卸，防止撞击、拖拉、摔落、抛掷、溜坡、滚动等。搬运时必须戴好钢瓶上的安全帽、拧紧，不可把钢瓶阀对准人身，防止钢瓶安全帽脱落及损坏瓶嘴。气瓶装车时应平卧横放，并应将瓶口朝向同一方向，不可交叉；高度不得超过车辆的防护拦板，并用三角木垫卡牢，防止滚动。装卸机械工具应有防止产生火花的措施。搬运氧气瓶时，氧气钢瓶、工作服及手套和装卸工具不得沾有油脂，如果瓶体沾着油脂时，应立即用四氯化碳揩净。装卸有毒气体时，应配备防护用品，必要时使用供氧式防毒面具。有毒的氯气、氟气，在储存、运输和使用中一定要与其他可燃气体分开。

3. 压缩气体和液化气体存放和保管

应存放于阴凉通风场所，防止日光暴晒，严禁受热、油污，远离热源、火种，当库内温度超过 40℃时，应采取通风降温措施。气瓶平卧放置时，堆垛不得超过 5 层，瓶头要朝向同一方，瓶身要填塞妥实，防止滚动；立放时要放置稳固，最好用框架或栅栏围护固定，防止倒塌，并留出通道。库内照明应采用防爆照明灯。库房周围不得堆放任何可燃材料。压缩易燃气体不得与其他种类化学危险物品共同储存。内容物性质相互抵触的气瓶应分库储存。例如，氢气钢瓶与液氯钢瓶、氢气钢瓶与氧气钢瓶、液氯钢瓶与液氨钢瓶等，均不得混放。

4. 压缩气体和液化气体泄漏处理和消防

阀门松动漏气应立即拧紧，如无法关闭时，可将气瓶浸入冷水或石灰水中（氨气瓶只能浸入水中）；液化气体容器破裂时，应将裂口部位朝上。

气瓶着火时，应尽快将钢瓶移出火场，若搬运不及，应向钢瓶浇洒大量冷水冷却钢瓶降温，或将气瓶投入水中使之冷却，以防高温引起钢瓶爆炸，同时将周围气瓶和可燃物搬离现场。扑救液化气体类火灾，切忌盲目扑灭火焰，在没有采取堵漏措施的情况下，必须保持稳定燃烧。

灭火、扑救有毒气体或处理气瓶泄漏时，应戴防毒面具或站在上风处和钢瓶侧面。

第三节　易燃液体的危险特性与安全事项

一、易燃液体的危险特性

1. 易燃性

易燃液体属于蒸气压较大、容易挥发出足以与空气混合形成可燃混合物的蒸气的液体，其着火所需的能量极小，遇火、受热以及和氧化剂接触时都有发生燃烧的危险。液体的闪点、沸点和自燃点越低，蒸气压越大，发生着火燃烧的危险性也越大。

2. 爆炸性

当易燃液体挥发出的蒸气与空气混合形成的混合气体达到爆炸极限浓度时，可燃混合物就转化成爆炸性混合物，一旦点燃就会发生爆炸。易燃液体的挥发性越强，爆炸下限越低，发生爆炸的危险性就越大。

含有一定水分的高黏度、宽沸程的重质油品，例如，含水率为0.3%～4%的原油、渣油、重油等沸溢性油品，在发生火灾时通常具有沸溢喷溅性。这是因为分散在重质油品中的水分或低沸点物质在发生火灾后首先达到沸点沸腾，进而产生大量蒸气携带大量油品喷溢而出，导致油品发生沸溢或喷溅现象，致使火灾迅速扩大，并有可能引发爆炸。

3. 热膨胀性

易燃液体主要是靠容器盛装，而易燃液体的膨胀系数比较大。储存于密闭容器中的易燃液体受热后体积膨胀，蒸气压力随之增加，从而使密封容器中内部压力增大，若超过容器的压力限度，就会造成容器膨胀，甚至爆裂，在容器爆裂时会产生火花而引起燃烧爆炸。某些易燃液体，易自行聚合，放出热量或气体，导致容器胀裂。因此，易燃液体应避热存放；灌装时，容器内应留有5%以上的空隙，容器的安全呼吸阀门要保持良好。

4. 流动扩散性

液体具有流动和扩散性，易燃液体大部分黏度较小，不仅本身极易流动，而且还有较强的渗透、浸润能力及毛细现象，即使容器只有极细微裂纹，易燃液体也会渗出容器壁外。泄漏后扩大了易燃液体的表面积，使其源源不断地挥发，形成的易燃蒸气大多比空气重，能在坑洼地带积聚，从而增加了燃烧爆炸的危险性。

5. 易产生或聚集静电

多数易燃液体都是电的不良导体，电阻率大，导电性差。在装卸、运输过程中，因其所具有的流动性，可与不同性质的物体如容器壁相互摩擦或接触时易积聚静电，静电积聚到一定程度时就会放电，产生静电放电火花而引起可燃性蒸气混合物的燃烧爆炸。苯、甲苯、汽油等易燃液体的电阻率通常都很大，很容易积聚静电而产生静电火花，造成火灾事故。

6. 有毒

大多数易燃液体及其蒸气均具有不同程度的毒害性，很多毒性还比较大，吸入后均能引起急、慢性中毒，比如，二硫化碳、苯等不饱和芳香族碳氢化合物和易蒸发的石油产品。部分易燃液体还具有麻醉性，若长期吸入其蒸气会引起麻醉，深度麻醉会引起死亡，比如乙醚。还有的蒸气具有腐蚀性、窒息性。

二、易燃液体的安全事项

1. 易燃液体包装

容器应气密或液密封口，并留有不小于5%的膨胀空间，以防液体受热体积膨胀而致容器破裂，容器应安装可靠的呼吸阀，防止温度变化导致容器内部的气压过高或过低。易燃液体的包装必须完好。

2. 易燃液体装卸与搬运

在作业中应加强通风措施，以控制蒸气浓度。装卸前应先通风，以免工人下舱作业而中毒。开关车门、车窗时不得使用铁制工具猛力敲打，必须使用时应采取防止产生火花的防护措施。作业人员禁止使用易发生火花的铁制工具及穿带铁钉的鞋，穿静电工作服。装卸和搬运中，严禁滚动、撞击、摩擦、拖拉等危及安全的操作。装卸机等机械设备必须防爆，有导除静电的接地装置，并应具有防止产生火花的措施。装载钢桶包装的易燃液体，要采取防磨措施，不得倒放和卧放。在运输、泵送、灌装时要有良好的接地装置，防止静电积聚。运输易燃液体的槽车应有接地链，槽内可设有孔隔板以减少由震荡产生的静电。

3. 易燃液体存放和保管

应存放于阴凉通风场所，避免日晒，严禁烟火，远离火种、热源。堆放要稳固，严禁倒置。库内温度超过40℃时，应采取通风降温措施。容器受热膨胀时，应浇洒冷水冷却，必要时应移至安全通风处放气处理。一般不得与其他危险化学品混放。不得混放氧化剂等性质相抵触的物品。闪点低于23℃的易燃液体，其仓库温度一般不得超过 30℃，低沸点的品种须采取降温式冷藏措施。大量储存（如苯、醇、汽油等），一般可用储罐存放。储罐可在露天安置，但气温在 30℃以上时应采取有效降温措施。

4. 易燃液体渗漏处理和消防

容器渗漏时，应及时移至安全通风处更换包装。渗出的液体可用干砂土等物覆盖后扫除干净。

能溶于水或部分溶于水的易燃液体发生火灾时，无论比重大小，可用雾状水、泡沫、干粉或大量水进行扑救，但应注意液体被冲散而扩大着火范围，水柱不得直接冲在易燃液体上。水一方面可降低燃烧物的温度，同时减少易燃液体的挥发，达到灭火的目的。

不溶于水的易燃液体发生火灾时，若是在限定容器内，可以用水降低容器的温度和压力。当液体已经溢出时，如果该液体相对密度小，不能用水灭火；如果相对密度大，可以用水来隔绝空气、灭火，但水层必须有一定的厚度。对于密度比水小又不溶于水的易燃液体，发生火灾时，可选用泡沫或干粉灭火剂灭火，火势不大时，可用二氧化碳灭火剂扑救。

扑救具有毒性、麻醉性和腐蚀性的易燃液体的火灾，消防人员应穿戴相应的防护用具，并尽可能地站在上风处。发现中毒人员，应立即移至空气流通处，并送医院救治。

第四节　易燃固体、自燃物品和遇湿易燃物品的危险特性与安全事项

一、易燃固体、自燃物品和遇湿易燃物品的危险特性

1. 易燃固体的危险特性

（1）易燃性

易燃固体或因产生可燃气体而着火，或因表面高温氧化而放出光和热。易燃固体的燃点比较低，一般都在300℃以下，在常温下遇到能量很小的着火源就能点燃。比如，金属镁、铝粉、硫磺、樟脑。

（2）爆炸性

爆炸有3种情况：

1）燃烧反应产生大量气体，导致体积迅速膨胀而爆炸。

2）作为还原剂与酸类、氧化剂等接触时，发生剧烈反应引起燃烧或爆炸，比如，萘与发烟硫酸接触反应非常剧烈容易引起爆炸，红磷与氯酸钾相遇会立即引起着火或爆炸，硫磺与过氧化钠或氯酸钾相遇会立即引起着火或爆炸。

3）各种粉尘飞散到空气中，达到一定浓度后遇明火发生粉尘爆炸。

（3）对摩擦、撞击、震动、热敏感

有些易燃固体受到摩擦、撞击、震动会引起剧烈连续的燃烧或爆炸，例如硝基化合物。还有的易燃固体受热容易分解或升华，加大发生爆炸的危险。

（4）本身或其燃烧产物有毒或腐蚀性

有些易燃固体本身具有毒害性，能产生有毒气体和蒸气；或者在燃烧的同时产生大量的有毒气体或腐蚀性的物质，其毒害性较大。如硫磺、三硫化四磷等，不仅与皮肤接触能引起中毒，而且粉尘吸入后，亦能引起中毒；红磷燃烧时放出有毒的刺激性烟雾；硝基化合物、硝化棉及其制品、重氮氨基苯等易燃固体，燃烧时会产生大量的一氧化碳、氧化氮、氢氰酸等有毒有害气体。

（5）遇湿易燃性

部分易燃固体不仅具有遇火受热的易燃性，而且还具有遇湿易燃性。例如，五硫化二磷、三硫化四磷等遇水产生具有腐蚀性和毒性的可燃气体硫化氢。

（6）自燃性

易燃固体中的赛璐珞、硝化棉及其制品在积热不散条件下，都容易自燃起火。硝化棉在 40℃的条件下就会分解。

2. 自燃物品的危险特性

（1）遇空气自燃性

自燃物品大部分非常活泼，具有极强的还原活性，接触空气中的氧气时被氧化同时产生大量的热，从而达到自燃点而着火、爆炸，发生自燃的过程不需要明火点燃。例如，黄磷性质活泼，极易氧化，燃点又特别低，一经暴露在空气中很快引起自燃。

（2）遇湿易燃易爆性

有些自燃物品遇水或受潮后能分解引起自燃（如保险粉）或爆炸，例如，二乙基锌、三乙基铝（烷基铝）等有机金属化合物，不但在空气中能自燃，遇水还会强烈分解，产生易燃的氢气，可引起燃烧爆炸等后果。

（3）积热自燃性

自燃物质加热到某一温度，可使氧化反应自动加速而着火；有时不需要外部加热，也可以依靠自身的连锁反应，通过积热使自身温度升高，使化学反应自动加速，最终可达到着火温度而发生自燃。

（4）毒害腐蚀性

自燃物品及其燃烧产物经常带有较强的毒害腐蚀性。比如，硫化钠（臭碱）具有毒害腐蚀性；黄磷及其燃烧时产生的五氧化二磷烟雾均为有毒物质。

3. 遇湿易燃物品的危险特性

（1）遇水易燃性

遇湿易燃物品与水作用常产生大量的易燃气体与反应热，容易点燃或自燃，一旦进入空气中的燃气浓度达到爆炸极限就会发生着火爆炸。比如，活泼金属及合金类（锂、钠、钾、钠汞齐等）、金属氢化物类、硼氢化物类、金属碳化物类、金属超细粉体类的物品，在遇湿时可迅速产生大量的氢气和热量，当氢气和热的积累达到氢气的燃爆点时就将发生氢气燃烧爆炸。

（2）遇氧化剂、酸着火爆炸性

遇湿易燃物质在遇到酸类或氧化剂时通常会发生比遇到水更为剧烈的化学反应，并同时放出大量的易燃气体和反应热，因而更容易达到燃爆点，出现燃烧或爆炸的危险性也更大。

（3）有毒和腐蚀性

遇湿易燃物品与水作用所产生的易燃气体通常还会带有毒性和腐蚀性。比如，磷化钙等金属磷化物遇水生成的磷化氢气体有剧毒，石灰氮遇水放出的氨气同时带有毒性和腐蚀性。

（4）对温度敏感

遇湿易燃物质及其与水反应产物通常具有较高的反应活性，在高温条件下容易发生剧烈的反应，发生爆炸事故。例如，金属碳化物类、有机金属化合物类等在高温时更易与水反应放出乙炔、甲烷等极易着火爆炸的物质。

二、易燃固体、自燃物品和遇湿易燃物品的安全事项

1. 易燃固体、自燃物品和遇湿易燃物品的包装

盛装遇空气或潮气能引起反应的物质，其容器须气密封口，如忌水的三乙基铝等包装必须严密，不得受潮。对缓慢氧化能自燃的物品，包装应易于散热。钾、钠等化学性质活泼的金属绝对不允许暴露在空气中，须浸没在煤油或密封于石蜡中，容器不得渗漏。黄磷应始终浸没在水中保存。有些自反应物质应在控制温度下、加入退敏物质或用适当的包装运输。对含有水分或乙醇作稳定剂的硝化棉等应经常检查包装是否完好。对于用水或其他液体将爆炸品浸湿后包装的固体退敏爆炸品，应确保包装完好、封口严实、无液体渗漏损失。

2. 易燃固体、自燃物品和遇湿易燃物品的装卸与搬运

作业时要注意轻拿轻放，远离火种和热源，避免摔碰、撞击、拖拉、摩擦、翻滚等外力作用，防止容器或包装破损。特别注意勿使黄磷脱水，引起自燃。装卸搬运机具，应有防止产生火花的措施。雨雪天无防雨设备时，不能装卸遇湿易燃物品。装运时要将储存的场地、库房清扫干净，以免其残留的物品与本类物品相混。

3. 易燃固体、自燃物品和遇湿易燃物品的存放与保管

本类物品应存放于阴凉、通风、干燥场所，防止日晒，隔绝热源和火种，与酸类、氧化剂等其他性质相抵触的物质必须隔离存放。

严禁露天存放遇湿易燃物品，严防漏水或雨雪浸入，注意下水道畅通，暴雨或潮汛期间必须保证不进水。黄磷宜在雨棚中固定货位存放。

4. 易燃固体、自燃物品和遇湿易燃物品撒漏的处理和消防

对撒漏的物品，应谨慎收集妥善处理。撒漏的黄磷应立即浸入水中，硝化纤维要用水润湿；金属钠、钾应浸入煤油或液体石蜡中，电石、保险粉等遇湿易燃物品撒漏，收集后另放安全处，不得并入原货件中。

易燃固体、自燃物品一般都可用水和泡沫灭火剂扑救，如散装硫磺、赛璐珞燃烧时可用大量的水进行灭火。但是，当遇湿易燃物品（镁粉、铝粉、铝铁溶剂、金属有机化合物、氨基化合物）着火时，严禁用水、酸碱灭火剂、泡沫灭火剂以及二氧化碳，避免增加其危险，只能用干砂、干粉灭火。对本类物品的火灾扑救，应有防毒措施。

第五节 氧化剂和有机过氧化物的危险特性与安全事项

一、氧化剂和有机过氧化物的危险特性

1. 氧化剂的危险特性

（1）氧化性或助燃性

最常见的氧化剂有过氧化钠、高氯酸钠、高锰酸钾、硝酸钾、双氧水、浓硝酸、浓硫酸等。当它们与还原性物质接触时可发生剧烈的放热反应，表现出很强的氧化性。这些氧化剂虽然本身不能燃烧，但在较高温度下可发生分解反应，放出氧气或其他助燃的气体，

使所接触的易燃物与有机物更容易着火、引起火灾或爆炸。

（2）受热分解性

氧化剂本身性质不稳定，在受到热冲击（包括明火、撞击、震动、摩擦）时可能发生迅速分解，分解出原子氧并产生大量的气体和热量。

（3）可燃性

除有机硝酸盐类具有可燃性并能酿成火灾外，大多数氧化剂都是不燃物质。

（4）与可燃液体作用的自燃性

氧化剂的化学性质活泼，能与一些可燃液体发生氧化放热反应而自燃。例如，高锰酸钾与甘油或乙二醇接触，过氧化钠与甲醇或醋酸接触，铬酸与丙酮或香蕉水接触等，都能自燃起火。

（5）与酸作用的分解性

大多数氧化剂在酸性条件下氧化性更强，有些氧化剂能和强酸类液体发生剧烈反应，有的放出剧毒性气体，甚至引起燃烧或爆炸。例如，过氧化钠与硫酸接触，高锰酸钾与硫酸，氯酸钾与硝酸接触，以上这些都十分危险。

（6）与水作用的分解性

大多数氧化剂具有不同程度的吸水性，吸水后溶化、流失或变质。有些氧化剂，特别是活泼金属的过氧化物，遇水或受潮吸收空气中的水蒸气和二氧化碳能分解放出原子氧，致使可燃物质燃爆。

（7）强氧化剂与弱氧化剂作用的分解性

在氧化剂中强氧化剂与弱氧化剂相互之间接触能发生复分解反应，产生高热而引起着火或爆炸。因为弱氧化剂遇到比其氧化性强的氧化剂时，又呈还原性。例如，将硝酸铵与亚硝酸钠混合时，可能分解生成硝酸钠和危险性更大的亚硝酸铵。

（8）有毒和腐蚀性

氧化剂通常都具有很强的腐蚀性，例如，双氧水。有的氧化剂同时还具有毒性，例如，三氧化铬、过氧化钡、次氯酸钙，它们既能灼伤皮肤，还能致人中毒。

2. 有机过氧化物的危险特性

（1）氧化性

有机过氧化物由于都含有过氧基（—O—O—），表现出强烈的氧化性能，绝大多数都可作为氧化剂。由于有机过氧化物中还含有碳氢键等具有还原性质的结构，自身具备了发生氧化还原反应的全部物质条件，因此有机过氧化物比其他氧化剂具有更大的危险性。例如，过氧化苯甲酰、过醋酸、过氧化甲乙酮、过氧化羟基茴香素等，都极易发生爆炸性自氧化分解反应。

（2）分解爆炸性

有机过氧化物的分解产物是活泼的自由基，由自由基参与的反应很难用常规的抑制方法扑救。因为其许多分解产物是气体或易挥发物质，再加上可提供氧气，易发生爆炸性的分解。有机过氧化物中的过氧基含量越多，其分解温度越低，危险性就越大。

（3）易燃性

有机过氧化物本身是易燃的，而且燃烧迅速，可迅速转化为爆炸性反应。例如，过氧化叔丁醇的闪点 26.67℃，过氧化二叔丁酯的闪点只有 12℃。

（4）对碰撞或摩擦敏感

有机过氧化物中的过氧基（—O—O—）是极不稳定的结构，对热、震动、碰撞、冲击或摩擦都极为敏感，当受到轻微的外力作用时就有可能发生分解爆炸。

（5）与其他物质起危险性反应

有机过氧化物对杂质很敏感，与痕量的酸类、重金属化合物、金属氧化物或胺接触就会引起剧烈的发热分解，可能产生有害或易燃气体或蒸气，有些燃烧迅速而猛烈，极易爆炸。

（6）伤害性

有机过氧化物容易伤害眼睛，例如，过氧化环已酮、叔丁基过氧化氢、过氧化二乙酰等，即使它们与眼睛只有短暂接触，也会对角膜造成严重的伤害，应避免其与眼睛接触。有机过氧化物一般都对皮肤有腐蚀性，有的种类还具有很强的毒性。

二、氧化剂和有机过氧化物的安全事项

1. 氧化剂和有机过氧化物的包装

包装和衬垫材料应与所装物性质不相抵触。封口要严密，包装要防潮，内外包装不得沾有杂质。

2. 氧化剂和有机过氧化物的装卸与搬运

在运输和储存时特别要注意它们的氧化性和着火爆炸并存的双重危险性。有些在运输时为了保证安全必须加入稳定剂来退敏。有的在运输时还需要控制温度。

装车前，车内应打扫干净，保持干燥，不得残留有酸类和粉状可燃物。卸车前，应先通风后作业。装卸搬运中力求避免摔碰、撞击、拖拉、翻滚、摩擦和剧烈震动，防止引起爆炸，对氯酸盐、有机过氧化物等更应特别注意。搬运工具上不得残留或沾有杂质。托盘和手推车尽量专用，装卸机具应有防止发生火花的防护装置。

3. 氧化剂和有机过氧化物的存放与保管

氧化剂及有机过氧化物在存放与保管时应单独库存，仓库应保持阴凉通风，防止日晒、受潮、受热，远离酸类和可燃物，特别要

远离硫磺、硝化棉、金属粉等还原性物质、自燃物品、遇湿易燃物品。应根据其性质及灭火方法的不同，将亚硝酸盐类与其他不同品种的氧化剂分库分类或隔离存放。堆垛不宜过高过大，防止因积热造成垛温过高。存放时注意通风散热。库内货位应保持清洁，对搬出后的货位，应清扫干净。许多氧化剂除具有典型的氧化性外，同时还具有还原性，因此不同的氧化剂不能混存，以免它们混合发生反应引发事故。

4. 氧化剂和有机过氧化物的撒漏处理和消防

氧化剂撒漏时，应扫除干净，再用水冲洗。收集的撒漏物品，不得倒入原货件内。

过氧化钠等着火时，不能用水扑救；其他氧化剂用水灭火时，要防止水溶液流至易燃、易爆物品处。扑救有机过氧化物火灾时应特别注意爆炸的危险性。

第六节　有毒品的危险特性与安全事项

一、有毒品的危险特性

1. 毒性

毒性是有毒品最显著的特性。有毒品的化学组成和结构影响毒性的大小，例如，甲基内吸磷比乙基内吸磷的毒性小 50%，硝基化合物的毒性随着硝基的增加或卤原子的引入而增强。

引起人体或其他动物中毒的主要途径是呼吸道、消化道和皮肤。有毒的细微颗粒与挥发性液体容易从呼吸道吸入肺泡引起中毒；有毒品在误食后将通过消化系统吸收，很快分散到人体各个部位，从而引起全身中毒；有毒品还能通过皮肤接触侵入肌体而引起中毒，当皮肤有破损时有毒品会随血液蔓延全身，加快中毒速度。另外，液态毒害品还易于挥发、渗漏和污染环境。

2. 遇水、遇酸反应性

大多数毒害品遇酸或酸雾分解并放出有毒的气体或烟雾，如氰化钠遇酸即可生成毒性更强、危害更大的氰化氢气体。有的有毒气体还具有易燃和自燃危险性，有的遇水甚至会发生爆炸。

3. 氧化性

有些有毒品还具有氧化性，一旦与还原性强的物质接触，容易引起燃烧爆炸，并产生毒性极强的气体，比如，硝酸亚汞。

4. 易燃性易爆性

许多有机毒害品具有易燃性，它们能与氧化剂发生反应，遇明火会发生燃烧爆炸，放出有毒气体或烟雾。例如，芳香族的二硝基化合物、己腈、2—氯乙醇等化合物，在遇到热源、撞击时都可能引起爆炸并分解出有毒气体。

5. 腐蚀性

有许多有毒品同时还具有较强的腐蚀性，例如，二甲苯酚、二氯化苄、三氯乙醛、甲苯酚、氟乙酸、硫酸二甲酯、氯化汞、苯硫酚等。

二、有毒品的安全事项

1. 有毒品的包装

易挥发的液态毒品容器应气密封口，其他的应液密封口；固态的应严密封口，以防止包装破损。

2. 有毒品的装卸与搬运

装卸车前应先行通风。装卸、搬运时严禁肩扛、背负，要轻拿轻放，不得撞击、摔碰、翻滚，以防止包装破损。装卸易燃毒害品

时，机具应有防止发生火花的措施。作业时必须穿戴防护用品，在皮肤受伤时，应停止或避免对有毒品的作业，严防皮肤破损处接触毒物。进行有毒品作业时应严禁饮食、吸烟等，作业完毕及时清洁身体后方可进食。

3. 有毒品的存放与保管

应存放在阴凉、通风、干燥的库内，不得露天存放。与酸类应隔离存放，严禁与食品同库存放。必须加强管理，严防丢失和发生误交付。

4. 有毒品撒漏的处理和消防

固态有毒品撒漏时，应谨慎收集；液态有毒品渗漏时，可先用沙土、锯末等物吸收，妥善处理。被毒品污染的机具、车辆及仓库地面，应进行洗刷除污。

发生火灾时，使用低压水流或雾状水，避免有毒品飞溅伤人。

对遇水能发生危险反应的毒害品（如金属铊、锑粉、铍粉、氟化铅等）不能用水灭火；对无机氰化物（如氰化钠、氰化钾、氰化亚铜等）不能用酸碱灭火剂灭火，以免产生剧毒氰化氢气体。

处理撒漏毒害品和扑救毒害品火灾时，必须穿戴防护服、口罩、手套或防护面具，施救人员要站在上风处。发现头晕、恶心、呕吐等现象，要立即转移至空气新鲜处。

第七节　放射性物品的危险特性与安全事项

一、放射性物品的危险特性

1. 放射性

放射性物质或物品系指能自发地不断放出人们感觉器官不能觉察到的α、β、γ射线或中子流的物质或物品。比较常见的放射性物质或物品有：^{14}C、^{58}Fe、^{60}Co、^{226}Ra、^{131}I等放射性同位素；氯化铀、氧化铀、硝酸铀、硝酸钍、溴化镭、铈钠复盐、夜光粉、发光剂等放射性化学试剂或化工制品；独居石、锆英石、方钍石、铀矿等放射性矿砂、矿石；涂有放射性发光剂或带有放射性物质的其他物品。

2. 毒害性

虽然各种放射性物品放出的射线种类和强度不尽一致，但是各种射线对人体的危害都很大。它们具有不同的穿透能力，过量的射线照射，对人体细胞有杀伤作用。若放射性物质进入体内，能对人体造成内照射危害。

3. 不可抑制性

不能用化学方法使其不放出射线，只能设法把放射性物质清除或者用适当的材料予以吸收屏蔽射线。

4. 易燃性

多数放射性物品具有易燃性，有的燃烧十分强烈，甚至引起爆炸。例如，独居石遇明火能燃烧；硝酸铀和硝酸钍遇高温分解，遇有机物、易燃物都能引起燃烧，且燃烧后均可形成放射性灰尘，污染环境，危害人们健康。

5. 氧化性

有些放射性物品有氧化性。例如，硝酸铀、硝酸钍都具有氧化剂性质，硝酸铀的醚溶液在阳光的照射下能引起爆炸。

二、放射性物品的安全事项

1. 放射性物品的包装

放射性包装分为：可按普通货物运输的包装、工业型包装、A型包装和B型包装。放射性包装件按其外表面辐射水平和运输指数分为三个运输等级，包装件的运输指数和表面辐射水平等级不一致时，按较高一级的确定运输等级。

2. 放射性物品装卸与搬运

装卸车前应先行通风，装卸时尽量使用机械作业。严禁肩扛、背负、撞击、翻滚。堆码不宜过高，应将辐射水平低的放射性包装件放在辐射水平高的包装件周围。皮肤有伤口、孕妇、哺乳妇女和有放射性工作禁忌证（如白血球低于标准浓度等）者，不能参加放射性货物的作业。在搬运Ⅲ级放射性包装件时，应在搬运机械的适当位置上安放屏蔽物或穿防护围裙，以减少人员受照剂量。

装卸、搬运放射性矿石、矿砂时，作业场所应喷水防止飞尘，作业人员应穿戴工作服、工作鞋，戴口罩和手套。作业完毕应全身清洗。

3. 放射性物品存放和保管

存放放射性货物的仓库（或专用货位）应通风良好、干燥、地面平坦。仓库应有专人管理，放射性包装件必须按规定码放。

遇到燃烧、爆炸可能危及放射性货物安全时，应迅速将放射性货物转移至安全位置，并派专人看管。

对于存放、运输、处置放射性物质的各种物体，它们在与放射性物质相接触后，都存在不同程度的放射性，因此也应纳入放射性物质的管理范围之内。

4. 放射性物品撒漏处理方法

运输中发生货包破裂，内容物撒漏时，应立即向有关部门报告，由安全防护人员测量并划出安全区域，悬挂明显标志。

当人体受污染时，应在防护人员指导下，迅速进行去污。若人员受到过量照射时，应立即送医救治。放射性矿石、矿砂的包装件破裂时，须在换包后方可继续运输，撒落的矿砂等应在收集后交托运人处理。

第八节　腐蚀品的危险特性与安全事项

一、腐蚀品的危险特性

1. 腐蚀性

腐蚀品是化学性质比较活泼，能和很多金属、非金属、有机化合物、动植物机体等发生化学反应的物质。腐蚀品的腐蚀性体现在对人体的伤害、对有机体的破坏和对金属的腐蚀性。

腐蚀品与人体接触，能引起人体组织灼伤或使组织坏死。吸入腐蚀品的蒸气或粉尘，呼吸道黏膜及内部器官会受到腐蚀损伤，引起咳嗽、呕吐、头痛等症状，严重的会引起炎症（如肺炎等），甚至造成死亡。有些腐蚀品对人体器官有强烈的刺激性，比如，氨水对眼睛刺激性大，严重时可以引起失明。

一些腐蚀品对有机物质有很强的破坏能力。比如，浓硫酸能够迅速破坏木材、衣物、皮革、纸张的组织成分使之碳化；浓度较大的氢氧化钠溶液能够使棉质物和毛纤维的纤维组织破坏溶解。

腐蚀品对金属设备及构筑物有很强的腐蚀破坏能力。比如，多数酸可以腐蚀溶解金属材料，氢氟酸可以腐蚀玻璃。

2. 有毒

多数腐蚀品有不同程度的毒性，有的还是剧毒品。有很多腐蚀品可以产生不同程度的有毒气体和蒸气，能造成人体中毒，比如，溴和氢氟酸都能挥发出既有强烈腐蚀性又有毒害性的气体，发烟硝酸能挥发有毒的二氧化氮气体，发烟硫酸能挥发有毒的三氧化硫，它们都对人体有相当大的毒害作用。

3. 易燃性

许多有机腐蚀物品都具有易燃性。例如，1，2－丙二胺、乙基己胺、甲基苯基二氯硅烷、二乙基二氯硅烷、冰醋酸、丙烯酸。

4. 氧化性

有些腐蚀品本身虽然不燃烧，但具有较强的氧化性，是氧化性很强的氧化剂，当它与某些可燃物接触时都有着火或爆炸的危险，例如，硝酸、浓硫酸、发烟硫酸、高氯酸、溴等与木屑、食糖、纱布、纸张、稻草、甘油、乙醇等接触都可氧化自燃起火。

5. 遇水猛烈分解性

有些腐蚀品遇水会发生猛烈的分解放热反应，有时还会释放出有害的腐蚀性气体，有可能引燃邻近的可燃物，甚至引发爆炸事故。例如，五氯化锑、五氯化磷、五溴化磷、四氯化硅、三溴化硼等多卤化合物、氯磺酸、氯化硫、烷基醇钠、无水氯化铝、苛性钠、发烟硫酸等腐蚀品，遇水都会发生危险性很高的猛烈的放热分解反应。

二、腐蚀品的安全事项

1. 腐蚀品的包装

应选用耐腐蚀的容器，并按所装物品状态采用气密封口、液密封口或严密封口，防止泄漏、潮解或撒漏。外包装必须坚固。

2. 腐蚀品的装卸与搬运

作业前应穿戴耐腐蚀的防护用品，对易散发有毒蒸气或烟雾的腐蚀品装卸作业，还应备有防毒面具。卸车前先通风。货物堆码必须平稳牢固，严禁肩扛、背负、撞击、拖拉、翻滚。车内应保持清洁，不得留有稻草、木屑、煤炭、油脂、纸屑、碎布等可燃物。

3. 腐蚀品的存放与保管

应存放在清洁、通风、阴凉、干燥场所，防止日晒、雨淋。堆放要牢固。应保持堆放处清洁，不得残留有可燃物、氧化剂等。

4. 腐蚀品的撒漏处理和预防

发现液体酸性腐蚀品撒漏应及时撒上干砂土，清除干净后，再用水冲洗污染处；大量酸液溢漏时，可用石灰水中和。

腐蚀品着火时，不可用柱状高压水，应尽量使用低压水流或雾状水，以防腐蚀液体飞溅伤人；对遇水发生剧烈反应有可能引起燃烧、爆炸或放出有毒气体的腐蚀品，禁止用水灭火，可用干砂土、泡沫灭火剂、干粉灭火剂等扑救。火灾现场的强酸，应尽力抢救，以防高温爆炸，酸液飞溅。无法抢救搬离火灾现场时，可用大量水浇洒降温。

灭火时人站在上风口，扑救人员要注意防腐蚀、防毒气，必须穿戴防护用品（如防毒口罩、防护眼镜、橡胶雨衣、长筒胶鞋、防毒手套），对易散发腐蚀性蒸气和有毒气体的物品，必须使用防毒面具。遇酸类或碱类腐蚀品，最好调制相应的中和剂稀释中和。

思 考 题

1. 爆炸品共分几项？它们有哪些危险特性？其危险程度如何排序？在生产、储存、运输和使用等过程中应注意什么问题？

2. 液化气体和压缩气体的危险特性主要表现在哪几个方面？在储存、运输过程中应当注意哪些安全事项？

3. 什么是液体的闪点？被纳入易燃液体的闪点为多少？

4. 过氧化物及有机过氧化物的主要危险特征是什么？氧化剂存储的注意事项有哪些？

5. 易燃固体、自燃物品和遇湿易燃物品的存放与保管的注意事项是什么？

6. 有毒品发生火灾时，灭火时应注意什么问题？

7. 腐蚀品储存、运输和使用时的注意事项有哪些？

第四章 危险化学品安全生产知识与技术

学习目标：

1. 学习掌握最基本的安全生产知识与技术，学习了解危险化学品安全事故发生的原因及条件，对危险化学品生产系统有关安全保障的技术设施及其特点、作用能够基本了解并正确使用。

2. 了解以下安全常识：危险化学品的安全使用和处置方法、事故前的预防措施、发生事故时应采取的应急抢救手段、人员受伤时的急救知识以及灾后现场的处置与清理。

在生产、储存、经营、运输、使用危险化学品的过程中，学习掌握并有效利用相关的安全技术及装备，对于预防危险化学品安全事故发生、防范危险化学品对从业人员的健康危害，具有重要的意义。

第一节 危险化学品生产系统安全保障技术与设施

一、危险化学品生产系统常用的过压保护防爆技术与设施

爆炸类危险化学品的危害级别最高。了解这类危险化学品的爆

炸类型与特点，以及常见的安全防爆技术与设施并能正确使用，是非常重要的。

1. 爆炸的类型与特点

爆炸的类型通常分为：物理性爆炸和化学性爆炸 2 大类。

物理性爆炸主要是由物质的凝聚状态或压力发生突变（瞬间气化、陡然升压）而引起的。例如，容器内液体过热汽化产生高压而引起的爆炸，锅炉的爆炸，容器内压缩气体、液化气体因超压而引起的爆炸等，都属于物理爆炸，爆炸物在发生爆炸之后的化学成分没有改变。

化学性爆炸主要是由于物质发生极其激烈的化学反应，伴随化学反应产生大量的气体，导致局部高压（常伴生高温）而引起的爆炸。在发生化学性爆炸之后，爆炸物的化学成分及性质均发生显著的改变。对于爆炸类危险化学品而言，以化学性爆炸为多，并且过程比较复杂、种类繁多，释放能量大，所以化学性爆炸应当是危险化学品从业单位安全防范的重点。

按照在爆炸时所发生的化学变化的不同，化学性爆炸又可细分为以下 3 类：

（1）简单分解爆炸

这类爆炸在发生时爆炸物并不一定发生燃烧反应，爆炸所需要的热量是由爆炸物本身分解时产生的。属于这一类的凝聚态物质有叠氮铅（PbN_6）、乙炔银（Ag_2C_2）、碘化氮（IN）等，这类物质受到震动即可引起爆炸。属于这一类的气态物质最常见的有乙炔、乙烯、氯乙烯、环氧乙烷、丙二烯、甲基乙炔、乙烯基乙炔、二氧化氯、肼、叠氮化物等。由于这类物质分解热很大，在受压情况下更容易起爆，所以这类物质的爆炸也称为气体热分解爆炸。

（2）复杂分解爆炸

这类爆炸在发生时爆炸物均发生燃烧反应。所有炸药的爆炸都属于这一类。这类爆炸物质发生意外爆炸的危险性低于简单分解爆炸物。

（3）爆炸性混合物的爆炸

由分散在空气中的可燃气体、蒸气及粉尘所引发的爆炸属于这一爆炸类型。其爆炸特点是发生爆炸时需可燃物和助燃剂在同一体系中。在化工生产中，因物料泄漏导致这种爆炸事故发生的可能性很大。明火、静电都有可能引发爆炸事故，需要重点防范。

常见的可能形成爆炸性混合物的可燃气体有天然气、乙炔、液化石油气等。

常见的可能形成爆炸性混合物的可燃液体蒸气有汽油、苯类、醇类、醚类等。

常见的可能形成爆炸性混合物的可燃粉尘（微细颗粒）有镁粉、铝粉、铁粉、硫磺粉、化纤粉等。这种爆炸的特点是：燃烧速度及爆炸压力比气体爆炸小，但是持续的时间长，作用的空间广，产生的能量大，所以破坏力以及烧毁程度大。而且这种爆炸不是一次完成的，在爆炸的冲击波的作用下，散落、积沉的粉尘可形成新的爆炸混合体系，使爆炸继续延续，火灾面积扩大。由于这类爆炸的爆炸物是微小颗粒，在燃烧的同时会向四处飞散，所以燃烧的炽热颗粒溅到人体会造成严重的烧伤。这类爆炸通常是在缺氧下发生的，因此爆炸过程往往伴随有一氧化碳等有毒气体的产生，容易造成中毒事故。

爆炸事故的发生往往具有突发性，必须采取得力的安全预防措施，防患于未然。爆炸事故的破坏性主要是冲击波的破坏力和高温灼烧，此外还可能形成地震波的破坏，爆炸时产生的固体飞散碎片还有可能击伤人员或砸坏物体。

2．防爆技术与设施

消除可爆炸物质引发爆炸的能量条件或消除其发生爆炸的物质条件，是防爆技术的科学基础。

（1）消除爆炸发生的能量条件

作业场所严禁明火，严格控制发热源、避免局部高温，不使物体剧烈撞击、避免局部高压冲击，有效预防摩擦静电及火花，是从控制起爆能量角度避免爆炸事故发生的基本技术途经。具体的安全措施与注意事项如下：

1）在作业时要防止撞击、摩擦等，以免产生火花。

2）在可能发生爆炸的现场，严禁穿带铁钉的鞋子进入工作区，不用可能因摩擦产生火花的工具进行工作，使用防爆工具以及专门的钢制、木制工具。

3）严禁在高温物体表面烘烤衣物和食物。

4）及时清除高温表面的油污，防止它们受热分解自燃。

5）工作区内不吸烟，不带打火机、火柴等易燃物品。

6）对于在生产过程中需要使用明火时，严格按照安全管理规定要求进行操作，在使用时应保持高度警惕，并严格限定使用范围，确保安全使用距离。

7）保证消防措施到位。

8）保持疏散逃生通道畅通等。

（2）消除爆炸发生的物质条件

除简单分解爆炸物之外，其他类型的可爆炸物可以通过消除其发生爆炸的物质条件（如与助燃物质隔绝）加以防范。具体的技术措施如下：

1）尽量不使用或少使用可燃物。在生产条件许可的前提下，通过改进生产条件（包括生产工艺、生产技术），用爆炸危险性小的物质代替危险性大的物质。比如：在条件许可的情况下，选择使用沸点较高（>100℃）、在常温状态下（20℃左右）不会达到爆炸极限的比较安全的液体，代替沸点较低、易燃易爆的液体。

2）生产设备及系统尽量密闭化。密闭可以防止泄漏，有效消除爆炸隐患。对于已经密闭的正压设备或系统需要防止泄漏，对于已经密闭的负压设备或系统需要防止空气的渗入倒灌。防止密闭设备系统泄漏，需要注意以下几个方面：

①防止材料强度不够造成泄漏。例如，材料老化、腐蚀、磨损可能造成的材料破坏、变形或强度下降。

②防止外界破坏造成泄漏。例如，地震或者泥石流导致的管道断裂；因施工不慎造成管道的断裂；车辆碰撞造成的管道、容器的破损和断裂。

③防止内压变化引起泄漏。例如，容器内物质受热发生膨胀。

④防止焊缝开裂引起泄漏。当泄漏的可燃气量较大，积聚到危险浓度，遇到火源，就会引起火爆事故灾害。这种泄漏在化工厂比较常见。

⑤防止密封部位不严引起泄漏。

⑥操作失误造成泄漏。例如，开错阀门、按错开关等。

3）安装使用单向阀。安装使用单向阀可以防止因流体倒流而引起安全事故，并起到隔火阻火作用。需要注意的是单向阀安装的方向不能出错。

4）安装使用压力安全阀。安全阀是一种在系统压力过高时可以自动泄压，以防止爆炸事故发生的安全装置，具有自动开启与自动关闭的功能，可以反复使用。当发生压力异常升高时，它将自动开启而使压力降到安全范围，避免设备发生爆炸或破裂。在压力容器或设备上，安装安全阀是防爆的基本措施。安装安全阀时要注意以下几点：

①安装安全阀前先检查它是否具有产品合格证。为了生产的安全，一定要使用安全合格产品。

②安装安全阀前要检查是否具有安装单位出具的安全阀校验报告。这一点也非常重要，它是对所要安装的安全阀的安全性能的进一步确认。

③安装安全阀前检查安全阀是否有隔断阀，如有，则必须将隔断阀处于常开状态并且加铅封。

④当安全阀装于有高危化学品（可燃物料、有毒有害物料、高温物料）的系统时，安全阀的排放管必须连接安全处理设施，不得随意排放。

⑤当安装安全阀的容器中有两种物相时，将安全阀安装在气相部分，这样可以防止因排出液相物料而发生意外。

⑥安全阀在放空时，要注意放空口的高度以及它的方向。有时，由于安全阀密闭性不好，或者为了防止容器内的物料因一些反应而影响安全阀的正常开启，可利用法兰在受压设备或仪器的放空管上安装爆破片。爆破片的作用与安全阀的基本相同，但是注意爆破片

是一次性的，如果被破坏，需要重新安装。安装爆破片时要注意：

a. 一定要检查它是否具有产品合格证。

b. 爆破片的表面不得有油污，因为油污易造成法兰滑丝，甚至有时会造成爆炸事故，所以一定要将油污清除干净。

c. 要根据爆破片所承受压力进行选择，一般爆破片所承受的压力为所使用系统的 1.15～1.3 倍。

二、过热保护技术与设施

学会正确使用阻火装置。

1. 阻火器

阻火器是由许多能够通过气体的细小通道或孔隙的固体不燃材料构成的仪器，它能够使火焰在没有外界能量作用的情况下，火焰的传播速度随管径减小而降低，直至熄灭，从而达到阻燃的效果。

阻火器的种类较多，根据它的材料不同可细分为：金属网阻火器、砾石阻火器、波纹金属片阻火器、平行板型阻火器、泡沫金属阻火器、多孔板型阻火器等。不同的阻火器阻火的效果不同，适用的范围也不同。如砾石阻火器对阻止二硫化碳火焰效果比金属网阻火器要好等。安装阻火器时一定要根据需要选择合适的型号，并且注意安装的位置要正确。

阻爆燃型管道阻火器（见图 4—1）的阻火层采用不锈钢材料制造，耐腐蚀易于清洗。壳体采用不锈钢、碳钢及铸钢多种材料，可满足各种不同工艺管道的需要。它可安装在：

（1）输送可燃性气体的管道上。

（2）火炬系统。

（3）油气回收系统。

（4）加热炉燃料气的管网上。

图 4—1　阻爆燃型管道阻火器

(5) 气体净化通化系统。

(6) 气体分析系统。

(7) 煤矿瓦斯排放系统。

2. 安全液封

安全液封是由不燃液体组成，一般是水。在环境温度低的场所，为了防止安全液封冻结，则要在其中加入一些防冻剂，形成安全液封防冻混合液，如水与甘油、矿物油的混合液；乙二醇与三甲酚磷酸酯的混合液；食盐、氯化钙的水溶液等。安全液封通常是安装在压力低于 0.02 MPa（表压）的管线与设备之间。所以安装时要特别注意安装的位置，并且要根据周围环境的温度条件，选择合适的安全液封或其混合液。

如果管道中含有可燃气（蒸气）或者排油污的管道，一般通过采用设置水封井（安全液封的一种）以防止燃烧爆炸在管道中蔓延。注意安装水封井的高度应不低于 150 mm。

3. 阻火透气帽

阻火透气帽（见图 4—2）是专门为加油站、小型油罐透气管设计的升级换代产品。它采用不锈钢做顶帽，中间配置完全符合国家阻火性能的阻火芯，在保证足够的透气性基础上，达到结构紧凑、重量轻、体积小、价格低廉，可采用管螺纹连接，也可用法兰连接，以方便地更换原无阻火性能的透气帽，确保油库的安全。

图 4—2 阻火透气帽

三、机器设备的检修

化工生产具有高温、高压、腐蚀性强等特点，化工生产中所使用的设备（包括管道、仪器仪表、阀门、反应釜等）极易受到腐蚀和老化。为了确保生产的正常运行和人员的安全，必须对化工设备定期进行检修。

1. 停车检修

在检修前先要停车，停车时要注意对反应物降温、降量，但降温、降量的速度不能太快；关闭阀门动作要轻缓；如果是高温真空设备，停车时一定要先降温，使设备内的物质温度降到其燃点以下，才允许将其压力升至常压。装置在停车时，要将设备及管道清空，排出的液体要妥善处理，不能随意排放或排入下水道，以防引起环境污染。在清理的时候一定要注意安全，防止中毒等事故发生。

由于化工生产的特殊性，在设备之间、装置之间甚至厂际之间都有管道相连接。停车检修时要考虑到如何将检修设备与其他运行系统进行隔离，只用阀门是不保险的。最安全的方法是用盲板将检修设备与其他运行系统隔离，装置开车前再将盲板去掉。盲板的装卸工序复杂，且具有很大的危险性，在装卸盲板时一定要注意安全，操作时要注意以下几点：

（1）需在生产调度人员的统一安排指挥下进行，并配合工程技术人员对盲板进行编号等。

（2）按照制定的盲板的流程图安装盲板。

（3）加盲板时注意在盲板两侧要加上垫圈，并用螺栓上紧，保证其密封性能良好，以防泄漏。

（4）高空作业时要注意安全，搭设脚手架，系安全带。

（5）对于系统中存在有毒气体的设备，装卸盲板时要佩戴防毒面具等。

（6）对于系统中存在易燃易爆介质的设备，装卸盲板时要注意防火防爆，并采取有效的防火防爆措施。

（7）对卸掉的盲板进行登记清点，最后对照流程图检查防止有遗漏。

2. 不停车检修

不停车带压密封技术是 20 世纪 70 年代发展起来的，这是一种先进的设备维、检修技术，它解决了停车检修的复杂性与不安全性问题，降低了由于停车检修造成的经济损失。不停车带压密封技术操作简单、安全、迅速、可靠，已广泛应用于各行各业，特别是化工生产。

不停车带压密封技术的关键是解决了设备的密封问题。它是通过带压密封建立的新密封结构、密封剂来消除设备的泄漏。新密封结构建立的条件是：介质处于一定温度、一定压力和流动状态。当设备某处有泄漏时，将特定的夹具安装在泄漏部位，这时夹具与泄漏部位有一个密封空间，然后用专门的高压注射枪将密封剂（具有热固性、热塑性）注入到这个密封空间，完成堵漏。

不停车带压密封技术操作时要注意以下几点：

（1）夹具的选型要正确，要选用设计人员根据设备设计的夹具，不同的泄漏部位所用的夹具不同。

（2）密封剂的型号选择要正确，不同密封剂对介质温度、压力要求不同，即固化条件不同。

（3）要用专用工具进行上述操作。

因此，在进行不停车检修工作之前，要先做准备工作（如夹具的选型、密封剂的型号选择、专用工具等），然后再进行具体操作（如安装夹具、注入密封剂）。

四、防火、防爆检测报警

生产系统物料运行状态参数在线监控技术设施，是早期发现生产系统危险征兆的监测预警技术，它对于贯彻“预防为主，防消结合”方针是至关重要的。

1. 火灾自动报警系统

火灾探测器是火灾自动报警系统的重要组成部分，也叫探头或敏感头。它的任务是探测火灾的发生，向报警系统发送火灾信号，向人们报警。

火灾探测器是怎样发现火灾的呢?

火灾发生时，必然会产生烟雾、火焰或高温，探测器对这些都很敏感，会引起电流、电压或机械部分发生变化或位移，再通过放大、传输等过程，向消防中控室发出火灾信号，并显示火灾发生的地点、部位。

火灾探测器主要分为感温、感烟、感光 3 大类。其性能特点见表 4—1。

表 4—1　　火灾探测器

名称	性能	型号	注意事项
感温报警器	根据温度变化进行报警	定温式感温报警器或差动式感温报警器	动作温度为 65～100℃
感烟报警器	发生阴燃冒烟即可报警	离子感烟报警器或光电感烟报警器	场所有排风装置
感光报警器	根据燃烧时火焰辐射的红外线或紫外线进行报警	红外线报警器或紫外线报警器	不适于明火作业

2. 可燃性气体或蒸气浓度的检测

为了防止可燃气体的爆炸，需要及时检测到逸散在空气中可燃气体的浓度。可燃气监测报警器是当空气中的各种可燃气的浓度超过报警浓度时（一般是爆炸下限浓度的 25%），报警器即可报警，以便尽快采取措施防止危险事故的发生。

可燃气监测报警器的种类多，使用时要根据需要进行选型。例如，扩散式，体积小、结构简单、使用方便，适用于室内和不容易受风向影响的场所；泵吸引式，适用的范围较广，不受风向和风速影响，但体积大、结构复杂，所以一般与采样装置联用于某些特殊场所。

3. 扑救初期火灾

火灾初期的扑救，对于控制灾情的发展至关重要，此时要争取时间，保持冷静。在火灾初期，应迅速关闭火灾部位的上下游阀门，切断出入火灾事故地点的一切物料；在火灾尚未扩大到不可控制之前，可使用移动式灭火器或现场其他各种消防设备、器材，扑灭初期火灾和控制火源。

第二节　危险化学品安全运输与储存技术与设施

随着我国经济建设的深入发展，交通运输业的地位和作用越来越重要。但是近年来随着交通运输业的发展，交通运输事故也呈上升趋势。为了确保道路运输危险化学品安全，预防道路运输危险化学品事故，应该了解掌握危险化学品安全运输与储存技术与相关的设施。

一、危险化学品的安全运输

1. 安全运输危险化学品的原则

首先，要以《安全生产法》《道路交通安全法》和《道路运输条例》《危险化学品安全管理条例》《民用爆炸物品管理条例》等有关法律、法规和标准为依据，安全运输有毒、有害、爆炸、腐蚀等危险化学品。为了遏制道路运输危险化学品交通事故，最大限度地减少发生交通事故后因危险化学品造成的人员伤亡事故，必须提高从业人员安全意识和防护自救能力，为建立道路运输危险化学品安全长效机制奠定良好基础。

其次，从事危险化学品运输的承运单位必须具有相关危险品的运输资质。同时，加强对运输危险化学品的驾驶人员、装卸管理人员、押运人员进行危险化学品的容器使用、装载、运输和发生事故后处置等方面的安全教育和培训。以上人员要取得相应危险品运输从业上岗资格证书。

2. 运输危险化学品的要求

（1）对车辆驾驶员的要求

运输危险化学品的驾驶员、船员、装卸人员和押运人员必须了解所运载的危险化学品的性质、危险特性、包装容器的使用特性和发生意外时的应急措施，必须配备必要的应急处理器材和防护用品。根据国家的有关规定，在运输过程中应注意以下几点：

1）按照所批准的指定路线行车，不能通过人口密集的地区。

2）严禁疲劳驾驶。行驶前应对车辆认真进行检查，确认机件良好，方可投入使用。

3）严格遵守交通规则，防止交通事故引发的火灾及爆炸。

4）货车在禁火区发生故障时，应及时拖离，不能就地修理。

5）柴油车在冬季应尽可能停在停车库内，若发现柴油或重油凝固，可用开水加热使其融化，不能使用明火直接加热，以免引起火灾。

6）必须配备与危险化学品货物相应的灭火器具。

7）载可燃危险化学品时必须用油布严密覆盖，随车人员不得在货物旁吸烟。

8）装运危险化学品或进入易燃易爆场所及其他禁火区域时（如加油站等），汽车应配备火星熄灭器。

9）装运危险化学品的车辆停在公共停车场时，应与其他车辆保持一定的距离。

10）剧毒危险化学品的运输路线，应严格按照国务院交通部门规定的要求执行，禁止在内河以及其他封闭水域等航道进行运输。

（2）对车辆的要求

1）运输危险化学品的车辆一定要专车专用，车辆状况保持良好。有符合交通管理部门规定的明显标识，并要求限载车辆载货量的 80％。对特殊危险品按国家有关规定执行。

2）运输车辆的车厢、底板平坦完好，周围栏板牢固。

3）运输车辆的左前方悬挂黄底黑字“危险品”字样的信号旗。

4）运输车辆上配备与所运输危险化学品的性质相关的消防器材和捆扎、防水、防散失等用具。

5）运输集装箱、大型气瓶、可移动槽罐的车辆，设置的紧固装置必须有效。

6）运输危险化学品的交通工具要有防火安全措施。

7）危险物品不能装得过高、过多，对性质不稳定、易变质、分解和自燃的物品，应定时检查、测温、化验，防止自燃爆炸。

8）用敞篷车装运易燃、可燃或遇湿易燃物品时应紧密牢固，捆扎结实，遇水燃烧物品应用密封袋装运并扎紧。

特别要注意的是，不能将易燃易爆品装在铁帮、铁底的交通工具中运输。

（3）运输危险化学品的注意事项

1）剧毒危险化学品在运输中发生事故（如被盗、丢失、流失、泄漏等），必须向当地公安部门报案，并采取一切可能的警示措施。对装有剧毒物品的车、船卸货后必须洗刷干净。

2）运输危险化学品的槽罐以及其他容器必须封口严密，保证危险化学品在运输中不因温度、湿度、压力的变化而发生泄漏。

3）运装危险化学品的槽罐应适应所装物品的性能，具有足够的强度，并应根据不同的物品的需要配备一些安全装置，如泄压阀、防波板、遮阳物、压力表、液位计、除静电计等。槽罐外部的附件应有可靠的防护设施，并在阀门口安装集漏器。

4）禁止无关人员搭乘运输危险化学品的交通运输工具。

5）不同的危险化学品如果性质和消防方法相互抵触，并且装配号或类项不同时，注意不能将其装在同一交通工具中运输。

6）运输的易燃危险化学品闪点低于28℃，在夏季当白天气温高于28℃时，要在夜间进行。

3. 危险化学品车辆运输事故的特点

（1）突发性

运输车辆有时会因刹车失灵、车体其他机件发生故障、路滑、速度过快等而发生撞车、翻车引起火灾事故，造成人员伤亡和财产损失。

（2）易燃易爆性

装有易燃易爆危险化学品的车辆在运输中，如果管理制度不严，执行不力，违章用火，不注意安全和对车辆性能不进行严格、细致的安全检查，极易引起火灾和爆炸并造成人员伤亡。

(3) 危害性大

载有易燃易爆物品的车辆，若在隧道内发生火灾，极易引起燃烧、爆炸和造成交通堵塞，危及人员生命、财产和隧道的安全，其危害性很大，后果不堪设想。

4. 运输危险化学品火灾的扑救对策

驾驶员在运输危险化学品途中遇到失火时如果缺乏应有的消防安全常识，手忙脚乱，束手无策，就会酿成惨剧。因此，为了减少和避免惨剧的发生，扑救运输危险化学品火灾时应采取以下对策：

(1) 发现汽车失火后，驾驶员应保持镇定，及时采取以下有效的扑救措施。

1) 应马上停车熄火，切断油源，关闭油箱开关和百叶窗，打开车门或车窗玻璃脱离驾驶室，在车外实施扑救。

2) 着火范围较小时，可利用车上的灭火器具或物品（如帆布、棉被、毯子等）进行灭火。

3) 着火面积较大，又无灭火器材时，应采用路边的沙土覆盖，或拦堵过往车辆进行灭火，同时就近向当地消防队报警。

(2) 易燃易爆危险化学品车辆失火后，驾驶员应根据所装物品的性质选用合适的灭火器具。

1) 对遇湿燃烧的物品，不能采用水和泡沫灭火剂扑救，也不宜用卤代烷、二氧化碳灭火剂，应采用干粉灭火剂、干砂石粉等进行扑救。

2) 在扑救时应随时注意自身的安全防护，以免造成不必要的伤害。

（3）为防止装运危险化学品的车辆因失火危及周围群众、建筑物造成更大危害，要尽力将装运危险化学品的车辆移至安全区域。

此外，为了确保安全，运输剧毒危险化学品时，一定要有专人押运。装运剧毒危险化学品的车辆和机械用具，必须彻底清洗后，才能装运其他物品。

在内河严禁运输剧毒化学品。

二、安全装卸与储存危险化学品

1. 危险化学品安全装卸与储存的基本要求

（1）操作纪律要求

进行搬运、装卸或储存危险化学品时，一定要严格遵守劳动纪律，听从指挥，非装卸搬运人员不准在作业现场逗留。危险化学品种类不同，操作要求也就不一样，因此要根据危险化学品种类的具体要求进行操作。

（2）危险化学品储存的安全要求

危险化学品分类储存的安全要求主要包括：

1）易燃液体、遇湿易燃物品、易燃固体不得与氧化剂混合储存，具有还原性的氧化剂应单独存放。

2）有毒物品应储存在阴凉、通风、干燥的场所，不要露天存放，不要接近酸类物质。

3）腐蚀性物品包装必须严密，不允许泄漏，严禁与液化气体和其他物品共存。

（3）危险化学品的养护

危险化学品入库时，应该做到严格检验商品质量、数量、包装情况、有无泄漏。危险化学品入库后应采取适当的养护措施，在储存期内定期检查。发现其品质变化、包装破损、渗漏、稳定剂减少等需及时处理。库房温度、湿度应严格控制、经常检查，发现变化及时调整。

（4）出入库管理制度

储存危险化学品的仓库应建立严格的出入库管理制度。根据相关条例，危险化学品出入库必须进行核查登记。库存危险化学品应当定期检查。剧毒化学品的储存单位应当对剧毒化学品的储存量如实记录，并采取必要的保护措施，防止剧毒化学品被盗、丢失或者误售、误用；发现剧毒化学品被盗、丢失或者误售、误用时，必须立即向当地公安部门报告。

2. 罐装危险化学品的搬运、装卸与储存

（1）高压封装化学品

盛装液化气体的容器属压力容器的，必须有压力表、安全阀、紧急切断装置，并定期检查，不得超装。压力物品在搬运装卸时要做到：

1）搬运装卸压缩、液化气体时，装卸前先检查钢瓶的阀门是否漏气，搬运时钢瓶的阀门不要对着人，注意要拧紧安全帽，安全帽要向上，防止安全帽跌落。钢瓶上要有橡皮圈套，要使用抬架或搬运车进行搬运，不能用手持安全帽，要防止撞击、拖拉、摔落，不能溜坡滚动。

2）搬运易燃气体钢瓶时，要严禁接触火种，夏季搬运时应安排在早晚凉爽时进行。

3）搬运氧气钢瓶时，工作服和装卸工具不能沾有油污。

4）搬运有毒气体钢瓶时，要穿戴防毒用具。防止气体钢瓶漏气，引起吸入有毒气体的事故。

5）运输时，可将钢瓶平放，瓶口方向一致，不能交错堆放。

（2）罐装危险化学品的储存

1）压缩气体和液体气体必须与爆炸性物品、氧化剂、易燃物品、自燃物品、腐蚀性物品等隔离储存。易燃气体不得与助燃气体、剧毒气体同储，氧气不得和油脂混合储存。

2）堆放气瓶应有专门的木架，使气瓶直放（切勿倒置），以保持气瓶的稳固。如无木架，也可平放，此时瓶口方向要一致，钢瓶上要有两个橡皮圈套，并用三角夹卡牢，防止滚动。对于无瓶座的小型气瓶，可平放在木架上，木架不宜过高，一般为三层。

3）每天要定时检查库房的温度和湿度，并做好记录。要求库温最高不能超过 32℃，相对湿度要控制在 80％以下，以防气瓶生锈。夏季要在早晚进行通风降温，通风后出现水珠，要及时擦干。

4）要随时检查气瓶是否漏气。注意进入毒气气瓶库房之前，要先将库房通风，并佩戴防毒面具。

（3）罐装危险化学品的漏气防护措施

1）根据气体性质做好人身防护，工作人员要站在上风头，向气瓶喷洒冷水，使其温度降低，并旋紧阀门。

2）对于酸性物质的气瓶，如氯化氢、氟化氢、二氧化硫等，出现气瓶漏气时，可先将气瓶浸入冷水池或石灰水池中，使之吸收，以减少环境污染，然后再旋紧阀门。如阀门失控，最好将气瓶浸入石灰水池中，这样可以使大量的毒气溶解在石灰水中。

3）对于碱性物质的气瓶，如氨气气瓶漏气，不能将气瓶浸入石灰水池中，只要将其直接浸入水中冷却吸收即可。

（4）罐装危险化学品消防方法

1）主要用雾状水来降温灭火，在火势不大时，也可用二氧化碳灭火剂。

2）消防人员要有防护用具，以防中毒。消防时，要注意站的位置应处于气瓶侧面，以防气瓶爆炸造成伤害。如有人中毒，要立即将其移至空气流通的地方并进行救护。

3. 易燃物品的搬运、装卸与储存

(1) 易燃物品的搬运与装卸

1) 装卸与搬运易燃液体时，要轻拿轻放，严禁撞击、拖拉、摩擦、滚动。室内装卸与搬运前要先通、排风。夏季搬运时应安排在早晚凉爽时进行，雨雪天要采取防滑措施。用罐车运输易燃液体时，要有接地链。

2) 装卸与搬运易燃固体时，除与装卸、搬运易燃液体技术要求相同外，还要特别注意禁止穿带铁钉的鞋子进行作业。对于散落在地面上、车厢内的粉末，要立即用湿黄沙抹擦干净。装卸与搬运易燃固体时，还要注意不要与氧化剂、酸类物质一起搬运，防止易燃固体与氧化剂、酸类物质起化学反应而引发事故。

3) 装卸与搬运遇水易燃物品时，要轻拿轻放，严禁撞击、拖拉、摩擦、滚动，特别要注意防水、防潮。雨雪天作业时，一定要有防雨、防雪设施，否则不准作业，如有汗水，要及时擦干，绝对不能让汗水直接接触这类物品。

4) 装卸与搬运自燃物品时，动作不能过猛，要轻拿轻放，严禁撞击、拖拉、摩擦、滚动。工具要用铜制品，不能用铁制品，因为铁制品能产生火花。装运自燃物品的车辆，要有遮阳布，防止暴晒。不能和爆炸物、氧化剂、腐蚀、易燃物等一起混运。装卸易燃液体还需穿防静电工作服。

5) 装卸与搬运氧化剂物品时，应注意这些氧化剂一定要单独装运，严禁与酸类、有机物、自燃、易燃和遇水易燃等物体混装混运，也不能与过氧化物配装。其他注意事项与上述相同。

(2) 易燃物品的储存

1) 易燃液体储存时，库房应注意阴凉通风，远离火种、热源、氧化剂及氧化性酸类，堆码不能过高，开包装要用不发火的金属材料工具。还需要注意：

①储存闪点低于 23°C 的极易燃烧的液体物品，如乙醚、二硫化碳、石油醚、汽油等，库房温度一般不得超过 30°C，这些低沸点的品种宜储存在低温仓库内，采取降温式冷藏措施。还要注意照明不能用明火或电瓶，只能使用干电池电筒照明。

②对于大量储存的易燃品，如汽油、醇等，要用储罐存放，由于储罐的体积大，可露天放置，但是注意当温度高于 30°C 时，要有降温措施。储罐的机械设备必须防爆，有除静电的接地装置。

③每天严格按照操作规程进行认真检查，并做好相应记录。检查时，要特别注意沸点低的物品和难以封口的脂肪胺类物品的变化，注意氯化物、溴化物、碘化物等是否发生分解变色，注意防止卤硅烷的吸潮分解。

2）易燃固体储存时，库房应阴凉通风、干燥、隔热，库房周围要严禁烟火，要与酸类及氧化剂等分开储存，开包装要用不发火的金属材料工具。还需要注意：

①严禁明火照明。

②堆码要根据不同的物品采取不同方式。对于易挥发的固体，如樟脑、萘等应堆密封垛，并用聚乙烯塑料薄膜之类将其密封，这样可以防止物品的挥发，但是注意聚乙烯塑料薄膜只能短期有效，要经常更换。对于硝化棉、赛璐珞堆码时则以整齐稳牢为主，不能过高过大。

③严格控制库房温度、湿度。一级危险品温度保持在 30℃以下，相对湿度在 80％以下为宜；二级危险品温度不超过 35℃，相对湿度不超过 80％。另外，还需根据季节变化做好通风降温密封工作。

④加强检查。每天的检查工作非常重要，特别是硝化棉、赛璐

路、各种磷的化合物和火柴等，要观察堆码是否有倾斜，是否有老鼠咬坏东西，冬季要做好防鼠灭鼠工作，防止因鼠咬而发生的燃烧事故。

3）遇水易燃物品遇湿或受潮会发生燃烧或爆炸，因此在储存时，特别注意防水、防潮，具体如下：

①选择地势较高的库房，保证夏季不会进水。为了防潮，堆放时要垫一、二层枕木，并且码堆要整齐、不要过高过大，以便检查。

②湿度是这类物品安全储存的重点，所以雨雪天气不要出入库房。库房的相对湿度一般要求保持在 70％以下，最高不得超过 80％。在干燥季节可利用自然气候进行长时间的通风散潮。在潮湿天气，门窗要密闭，库房内要放干燥剂如氯化钙，或者用除湿机吸湿。

③对于一些特殊物品，储存时还要注意它们的特点。如活泼金属一般是用玻璃瓶或铁桶盛装。为了防止受潮，要用不含水分的液体石蜡或煤油来隔绝空气。由于金属锂的相对密度比石蜡和煤油小，所以只能采用固体石蜡来熔封。对于电石等碳化物类，受潮后，会

放出恶臭的气体，所以在检查包装密封的时候，要在远离库房的安全地点进行放气，以防爆破发生。等放气后，再用沥青或浓硅酸钠糊毛头纸封闭，防止吸水变质，并开辟专地存放。还有保险粉，因其吸潮后易结块，且放出有毒和强烈刺激性气体，所以储存时要仔细检查包装有无破损，如有破损要及时用修补剂修补。

④每日定时进行检查，并做好记录。

4）自燃物品的储存关键是温度和湿度。当达到一定温度和湿度条件时，这类物品就会发生燃烧，所以自燃物品储存时要注意以下几点：

①入库堆放时，应根据物品的特性，选择相应隔绝地潮措施和不同的堆码方式，并且还要注意散热。

②温度和湿度的控制。一级自燃物品，温度不能超过 28℃，相对湿度不能超过 80%；二级自燃物品，温度不能超过 32℃，相对湿度不能超过 85%。黄磷库房温度，则要求冬季不低于 3℃。由于对自燃物品库房的温、湿度的要求比较高，所以一定要严格管理，特别是梅雨季节要注意及时除湿，夏季要注意通风降温，通风要选择在早晚温度低的时候进行，还要防止暴晒，可以通过加挂竹帘、布帘，也可以将库房外墙壁刷成白色，减少太阳的辐射等。

③由于自燃物品发生事故后，变化很快，所以要对库房进行仔细检查，并对发现的问题要认真研究，迅速采取措施，不得延误。如发现硝酸纤维素发热时，要立即搬出库房进行散热，不要在库内拆包。

5）氧化剂的储存要特别注意以下几点：

①有机氧化剂不要和无机氧化剂混存。过氧化物要专库存放，如氯酸盐、硝酸盐、高氯酸盐和亚硝酸盐等不能混存。

②不同的氧化剂对库房的温、湿度要求不同。有些氧化剂易吸

潮，如硝酸铵、硝酸钙、硝酸镁、硝酸铁，以及过氧化钠、三氧化铬等，要求库房干燥，相对湿度不超过 75%。对于有机氧化剂，一般易挥发和膨胀，则要求温度不超过 28℃。对于一些含有结晶水的硝酸盐类，还有像硝酸镝、硝酸铟、硝酸锰等低熔点物品，库房温度应保持在 28℃以下。

③一般氧化剂的存储温度不应超过 35℃，库房内的相对湿度宜保持在 80%以下。

（3）各种易燃物品的消防方法

1）易燃液体。这类物品要以它们的性质来决定消防的方法。

①比水轻又不溶于水的烃类化合物，如乙醚、石油醚、苯等，要用泡沫或固体干粉灭火器，火势不大时，可用二氧化碳扑救。

②溶于水或部分溶于水的物品，可用雾状水、化学泡沫、干粉灭火器，火势不大时，可用二氧化碳扑救。注意使用化学泡沫灭火时，化学泡沫的强度必须达到所扑救物品的 3～5 倍，才有效果。这类物品有醇类如甲醇、乙醇，酯类如乙酸乙酯、乙酸戊酯，酮类如乙酮、丙酮、丁酮等。

③比水重又不溶于水的烃类化合物，可直接用水扑救，因为水能覆盖在物品的上面，从而隔绝空气阻止燃烧。但是要注意水的用量要大。这类物品有二硫化碳。

2）易燃固体。这类物品的扑救可以用水、沙土、石棉毡和化学泡沫、干粉、二氧化碳等灭火器，但是要注意以下 2 点：

①金属粉着火时，必须先用沙土、石棉毡，再用水扑救。

②磷的化合物和硝化棉、赛璐珞硝基化合物以及硫磺等物品，由于燃烧时会产生有毒和刺激性气体，消防时要佩戴防毒面具，如发现中毒，要立即到新鲜空气流通的地方休息，并服用浓茶、食糖、水果、汽水之类解毒治疗。

3）对于遇水易燃物品，只能用干砂和干粉灭火器灭火。可以在库房内适当地点备好干沙土。因为这类物品遇水能发生燃烧或爆炸，所以灭火时绝对不能用水，也不能用酸、碱灭火器和泡沫灭火器。扑救时，人要站在上风头，对于扑救一些燃烧时会放出大量毒性气体物质，如碳化物、磷化物、保险粉等，要佩戴防毒面具。如发现中毒，要立即到空气流通的地方休息、治疗。

4）自燃物品着火时，一般都可用水灭火，也可用泡沫灭火器、干砂、干粉灭火器灭火。但是三乙基铝和铝铁熔剂除外，因为三乙基铝和铝铁熔剂可以与水作用，产生易燃气体，加剧燃烧，所以当三乙基铝和铝铁熔剂燃烧时，只能用干砂和干粉灭火器灭火。

5）氧化剂的消防基本分为2类：对于过氧化物和不溶于水的有机液体氧化剂，不能用水和泡沫灭火器，只能用干砂、干粉、二氧化碳灭火；对于大多数氧化剂可以用水扑救。注意，扑救时，要佩戴防毒面具，也可将普通口罩用5%的小苏打水浸泡后使用，以免中毒，但是后者有效时间短，要随时更换。

4. 有毒、腐蚀性物品的搬运、装卸与储存

（1）有毒、腐蚀性物品的搬运与装卸

1）装卸与搬运有毒、腐蚀性物品时，由于装卸物对人体有害，装卸毒害品的人员应具有毒害品作业的一般知识。需要注意以下方面：

①首先要严格检查包装容器是否符合安全规定，包装是否完好无损，在确保完好的情况下，方可进行作业。

②装卸及搬运时要轻拿轻放，严禁肩扛、背负、撞击、拖拉、摩擦、滚动等造成包装破损。作业场所应备有清水、苏打水和稀醋酸等可以减轻毒、腐蚀性伤害的物品，以备急用。

③装卸及搬运有毒、腐蚀性物品时工作人员必须穿防护服、胶

靴及戴护目镜、胶手套、胶围裙、防毒面具等，特别是搬运容易引起呼吸中毒或者皮肤中毒的挥发性液体毒物时，还要穿紧袖口的布质工作服，外露皮肤要涂防护药膏等。为了工作人员的安全，装卸与搬运有毒、腐蚀性物品时一定要在良好的通风环境中进行，所以作业区要有良好的通风设施，并且要先通风，再作业。

④在作业过程中严禁饮食，不得用手擦嘴、脸、眼睛。

⑤作业结束后必须立即更衣洗澡，并对防护用具进行仔细清洗，以备后用。

2）强酸类的装卸搬运。由于酸类尤其是硫酸或硫化物的腐蚀性特别强，而且硫酸作为危险化学品，它对人体的伤害是非常严重的，所以接触硫酸的工作人员一定要了解和掌握硫酸的有关知识和技术，特别小心地进行操作。

硫酸本身是没有爆炸性和易燃性的，通常情况下，冷的浓硫酸不与铁、铝等金属发生反应，可用铁、铝制容器储运浓硫酸。但是它具有很强的氧化性和脱水性，它与有机物及硝酸盐、氯酸盐、金属粉等一起时，会发生化学反应而产生氧气、氯气等气体，可能造成对人体的伤害，也可能发生燃烧等事故。浓硫酸被稀释后，会与金属作用产生氢气，就有发生火灾、爆炸事故的危险。所以在运输与装卸装有浓硫酸的罐、塔槽类及配管等时，要像对氢气一样，必须小心作业。具体要求如下：

①严禁硫酸与其他物品混装，这也是消防法所禁止的。

②关注浓硫酸容器的密闭，防止浓硫酸吸收空气中的水分而被稀释。

③工作人员向容器内灌装硫酸以及搬运装卸硫酸时，必须穿戴必要的防护用具，如防护眼镜、安全帽、耐酸靴、耐酸手套、工作服等，特别是卸硫酸的工作人员，应穿耐酸衣服，并且在工作场地

附近要准备大量的水。

④硫酸是液体，通常情况是装在罐中运输的，之前的灌酸工作需要特别注意，在工作的地点挂上“注意”的标识；打开槽罐的人孔盖时，切忌动作过快过猛，防止里面的气体压力过大而伤害人体，应先将盖的螺栓慢慢松开，使里面的气体放出，待内外气压一致时，再将盖子打开；不要将有机物、水以及其他异物混入槽中；灌酸工作结束时，将人孔盖、管子盲板法兰等开口部分完全紧密关闭。在运输前仔细检查是否有漏酸或漏气。

⑤在整个的安装和拆卸操作中，使用的工具要防止产生火花。要严禁用坚硬的东西如锤子、凿子等敲打。

⑥装卸硫酸时需要压缩空气，装硫酸时如果发现人孔盖的螺栓已紧固，此时还出现漏气，则必须停止压缩空气的送入，检查是否人孔盖的垫片不合适，立即更换垫片。卸硫酸时的压缩空气必须尽可能除去油、水分及其他杂质，必须保持气密。

（2）有毒、腐蚀性物品的储存

1）有毒、腐蚀性物品的储存

①堆码的要求。对于液体物品，要严禁倒放。必须防潮，防止外包装的腐蚀脱落。堆码要留有空隙方便搬运。

②温度和湿度要求。这类物品的种类比较多，它们的性质相差也比较大，所以要根据所储存的物品的性质，决定库房的温度和湿度。对于低沸点和易燃的物品，库房温度控制在30℃以下，相对湿度不超过85%。夏季要采取防热降温措施，以保持低温、干燥，防止液体挥发等。对于怕冻的腐蚀性物品，在冬季要做好防冻措施，库房温度要达到10～15℃以上。如储存甲醛，在冬季就要采取保暖措施，但是严禁使用明火。注意做好通风、密封工作。

③这类物品的化学性质非常活泼，所以要根据各自的性质，加

强库房的检查，防止事故的发生。在检查时要注意库房有害气体的浓度、空气的酸碱度。防止对人身的伤害。

④为了防止工作人员中毒，存储有毒物品的库房应备有相应的中毒救护药械和药物，应有更衣室和简单的淋浴设备。

2）硫酸的储存

①稀硫酸会腐蚀铁而产生氢气，当氢气与空气以一定比例混合，则发生爆炸，所以，为了防止爆炸的发生，必须注意，在装有硫酸的槽罐附近，不管里面是否有硫酸，都要严禁明火，严禁吸烟。

②固体硫磺不能储藏在室外，而应储藏在结构安全的储仓中。通风要好，并且要尽可能地降低粉尘的浓度，要严禁烟火。

③储藏固体硫磺要注意防潮，特别是防雨。因为硫磺会与水作用而生成稀硫酸。如果此时硫磺接触钢、铁等会使之腐蚀。

（3）有毒、腐蚀性物品消防方法

1）有毒、腐蚀性物品的消防方法

①腐蚀性物品着火时，可用雾状水或者干砂、泡沫、干粉扑救，不能用高压水以防飞溅。消防时要注意防腐蚀、防蒸气，在扑救时，要佩戴防毒口罩、防护眼镜及防酸手套，穿橡胶长筒胶鞋。人要站在上风头，以免中毒。

②有毒物品着火时，要根据毒物的具体性质选择消防器材，一般毒物着火时，可用水灭火；氰化物、硒化物、磷化物等着火时，只能用雾状水、二氧化碳等灭火。为了安全，消防人员必须戴防毒面具，站在上风处。

2）硫酸的消防方法。硫酸本身不具有可燃性，也没有助燃性，但是当硫酸的作业场所发生事故时，要注意：

①事故发生时，最好使用雾状水、泡沫、蒸发性液体、不燃性液体、粉末等灭火剂。不要使用水枪式灭火器，因为它可将硫

酸的飞沫飞溅起来，不利于人员的安全。要在容器及其周围洒水冷却。

②灭火时要穿防护服，并将眼、口、鼻等蒙上，防止硫酸的酸雾的腐蚀伤害。

5. 农药储运

(1) 农药的装卸和运输

1）农药装卸必须在专人指导下和有充分照明条件下进行。装卸时轻拿轻放，不得倒置，严防碰撞、外溢和破损。装卸高毒农药时，应有警告标志，不让闲人进入，作业人员要佩戴防毒面具（防微粒口罩）、穿着防护服装。

2）装卸的农药应有完好的包装和标志。

3）装卸人员在作业中不准抽烟喝酒，不许吃东西，不得用手擦嘴、脸、眼睛，禁止赤膊。

4）每次装卸完毕，作业人员必须及时用肥皂（或专用洗涤剂）洗净面部、手部，用清水漱口；防护用具应及时清洗。

5）运输农药要使用备有易清洗、耐腐蚀、坚固的储器的车辆及船只，不得使用运输食品和旅客的运输工具。车辆及船只上应备有必要的消防器材和急救药箱，且应标示“小心有毒”“易燃”等标记。

6）装运多品种农药时要分类码放，不得混杂，有条件的要采用集装箱，高毒农药要有明显标记。

7）交、运方要认真清点农药品种、数量，并在运单上签名，而后封闭车门，加盖防雨布等。

8）驾驶员、押运员应熟悉运输农药的安全要求。运输过程中不抽烟、喝酒，进食前脱去工作服，洗净手、脸并漱口。

9）农药卸车、船后应在专门场地进行清洗。装运有机磷、氯农药的车、船厢一般可用漂白粉（或熟石灰）液清洗，而后用水冲净；金属材料容器可采用少许溶剂擦洗。废液应倒入专用坑中，不得随意泼洒。

（2）农药的储存和保管

1）库房内不设暖气，当需升温满足储存条件时，应采用间接加热空气送入的方法。

2）农药库房内应设置隔离工作间，配备消防器材（包括灭火器、水桶、锹、叉等）和急救药箱（如内装常用解毒药、特效解毒药、高锰酸钾、脱脂棉、红汞水、碘酒、双氧水、绷带等物）。

3）存放的农药应有完整无损的包装和标志，包装破损或无标志的农药应及时处理。

4）库房内农药堆放要合理，离开电源，避免阳光直接照射，垛码稳固，并留出运送工具作业所必需的过道。

5）不同种类的农药应分开存放。高毒农药应存放在彼此隔离的有出入口、能锁封的单间（或专箱）内，应保持通风；闪点低于61℃的易燃农药应与其他农药分开，并用难燃材料分隔。

6）不同包装农药应分类存放，堆垛不宜过高，应有防渗防潮垫。

7）库房中禁止存放对农药品质有影响、对食物有污染、对防火有碍的物质，如硫酸、盐酸、硝酸等。

8）定期清扫农药库房，保持整洁。

9）存放新的农药品种前应将库房清扫干净。存放过有机磷、二硝基酚化合物等的库房可用石灰液或少量碱液处理后用水冲洗。

10）进入高毒农药存放间的人员，必须佩戴防护面具和穿用防护服装，同时要保证通风照明良好。

第三节　危险化学品的安全使用与处置

一、危险化学品危害控制的一般原则

危险化学品危害预防和控制的基本原则一般包括 2 个方面：操作控制和管理控制。

1. 操作控制

操作控制的目的是通过采取适当的措施，消除或降低工作场所的危害，防止工人在正常作业时受到有害物质的侵害。采取的主要措施有替代、变更工艺、隔离、通风，以及做好个人防护和卫生工作。

（1）替代。为了实现控制、预防化学品危害，或降低化学品的危害，通常的做法是选用无毒或低毒的化学品替代原有的有毒有害化学品，选用可燃化学品替代易燃化学品。例如，用甲苯替代喷漆和除漆工艺中用的苯，用脂肪族烃替代胶水或黏合剂中的苯等。

（2）变更工艺。替代是控制、预防、降低化学品危害的首选方案，但是由于技术条件和经济状况等因素，使得可供选择的替代品的数量很有限。这时可通过变更生产工艺来达到消除或降低化学品危害的目的。如乙炔制乙醛工艺，通常采用汞作催化剂，现在发展为用乙烯为原料，通过氧化或氧氯化制乙醛，不需用汞作催化剂。这样通过变更工艺，消除了汞的危害。

（3）隔离。隔离是消除或降低工作场所的危害，防止工人在正常作业时受到有害物质侵害的一种有效手段，它是通过封闭、设置屏障等措施，避免作业人员直接暴露于有害环境中。最常用的隔离方法是封闭法，即将生产或使用的设备完全封闭起来，使工人在操作中不接触化学品。隔离操作是另一种常用的隔离方法，即把生产设备与操作室隔离开，将生产设备的管线阀门、电控开关放在与生产地点完全隔开的操作室内。

（4）通风。通风是降低作业场所中有害气体、蒸气或粉尘危害最有效的措施之一。通风使作业场所空气中有害气体、蒸气或粉尘的浓度降低，保证工人的身体健康，防止火灾、爆炸事故的发生。

通风分局部排风和全面通风两种。局部排风是将污染源罩起来，抽出其中的污染空气，这种方式所需风量小、经济有效，并便于净化回收。对于点式扩散源，可使用局部排风。使用局部排风时，应使污染源处于通风罩控制范围内。像实验室中的通风橱，焊接室或喷漆室可移动的通风管和导管都是局部排风设备。

全面通风亦称稀释通风，它是用新鲜空气将作业场所中的污染物稀释到安全浓度以下，因为这种方式所需风量大，不能净化回收，所以全面通风仅适合于低毒性作业场所，不适合于腐蚀性、污染物量大的作业场所。对于面式扩散源，要使用全面通风。采用全面通风时，在厂房设计阶段就要考虑空气流向等因素。在冶金厂，熔化的物质从一端流向另一端时散发出有毒的烟和气，两种通风系统都要使用。

为了确保通风系统的高效率，合理设计通风系统十分重要。对于已安装的通风系统，要经常加以维护和保养，使其有效地发挥作用。

（5）个体防护。个体防护是降低化学品危害的一种辅助性措施。当作业场所中有害化学品的浓度超标时，工人就必须使用合适的个体防护用品。个体防护用品既不能降低作业场所中有害化学品的浓度，也不能消除作业场所的有害化学品，而只是一道阻止有害物进入人体的屏障。防护用品主要有头部防护器具、呼吸防护器具、眼防护器具、身体防护用品、手足防护用品等。使用防护用品时要注意其本身的有效性。

(6) 卫生。良好的卫生条件能有效地预防和控制化学品危害。卫生包括作业场所清洁卫生和作业人员的个人卫生 2 个方面。要经常清洁作业场所，对废物、溢出物加以适当处置，保持作业场所清洁。作业人员应具有良好的卫生习惯，防止有害物附着在皮肤上，防止有害物通过皮肤渗入体内。

2. 管理控制

按照国家法律和标准建立起管理程序和措施，是预防化学品危害的一个重要方面，是保护人身安全以及国家财产的重要手段，从业人员应该责无旁贷地接受和运用这种制度控制。

管理控制是通过对作业场所进行危害识别、张贴标志，在化学品包装上粘贴安全标签，在化学品运输、经营过程中附化学品安全技术说明书等多种手段，以及对从业人员进行安全培训和资质认定，采取接触监测、医学监督等措施来达到管理控制的目的。

二、用火安全知识

这是危险化学品生产单位最重要的安全管理制度。对于危险化学物品比较集中的单位，而且其中绝大多数为易燃易爆物品这类单位，很容易引起火灾爆炸事故。为了防止事故的发生，必须制定“安全用火管理制度”，并在用火之前取得火票，方可动火，并严格控制点火源。下面简要介绍安全用火管理制度的主要内容。

从业人员对于危险品生产单位用火管理范围要了如指掌，在操作时要严格执行本企业的用火制度。

1. 危险品生产单位用火管理范围

（1）气焊、电焊、铅焊、锡焊、塑料焊。

（2）喷灯、火炉、液化气炉、电炉。

（3）烧烤煨管、熬沥青或锤击（产生火花）物件。

（4）明火取暖或明火照明。

（5）生产装置和罐区临时用电，包括使用电钻、砂轮、风镐等；机动车辆（包括电瓶车）及畜力车进入生产装置区和罐区。

（6）在生产装置区和罐区内使用雷管、炸药等进行爆破。

（7）对未经安全处理或未开孔洞的密封容器用火。

2. 用火分级管理

根据用火部位危险程度，将用火分为三级进行管理：

（1）一级用火

1）正在运行的生产装置区。

2）各类油罐区、气罐区、有毒介质区、液化气区。

3）有易燃易爆液体及有毒介质的泵房和机房。

4）易燃易爆液体和气体的装卸区和洗槽区。

5）工业污水场、含有易燃易爆液体的循环水场、凉水塔和工业下水系统的油池、油沟、管道（包括距上述地点 5 米以内的地面）。

6）危险化学品仓库。

7）输送易燃易爆液体和气体的管线。带油、带压、带有其他可燃性介质或有毒介质的容器、设备和管线一般不允许用火，确属生产需要时，作为特殊用火处理。

（2）二级用火

1）停工检修并经吹扫处理、化验分析合格的易燃易爆、有毒生产装置。

2）从易燃易爆、有毒生产装置或系统拆除，且运到地点的容器、管线等，经吹扫处理、化验分析合格者。

3）全厂系统管网区。

4）仓库、车库及木材加工场。

5）生产装置区、罐区的非防爆场所（如操作间、配电室）。

6）在罐区内新建罐施工用火。

（3）三级用火

1）在厂区内，除一、二级用火以外的临时用火均属三级用火。

2）生产单位可在没有危险的区域，划出固定用火区，并严格管理。凡可拆卸并有条件移到用火区焊补的物件，必须在固定用火区焊补，尽可能减少在禁火区用火次数。

（4）固定用火区的管理

1）与内有易燃易爆物质的设备、储罐、仓库、堆场等的距离应符合有关防火规范中防火间距的要求。

2）在任何气象条件下，固定用火区内的可燃气体浓度均在允许浓度以下。

3）周围不能存放易燃易爆物质；在采取可行措施妥善保管的情况下，允许存放少量的有盖桶装电石。

4）室内的固定用火区与防爆生产现场隔开，不准有门窗、地沟连通。

5）用火区内应备有适用的、数量足够的灭火器具，并设置“用火区”的明显标志。

6）无论哪级用火都要经过申报、审批。申报负责人和用火负责人经过对动火现场的检查，制定防火措施，填写火票，才能申报；审批负责人也要经过对动火现场认真检查，制定可靠的防火措施，才能审批。

（5）用火报批的管理

1）一级用火。由生产车间负责人会同施工单位用火负责人，在动火前一天报送安全管理部门审批。

2）二级用火。由车间指定的用火负责人制定防火措施，填写火票，再经车间负责人审批。

3）三级用火。由施工单位负责人制定、落实防火措施，填写火票，报送消防队或者安全管理部门审批。

4）固定用火区。由用火单位提出申请，经厂安全管理部门会同消防部门审查批准。

3. 安全用火的基本原则

（1）动火应严格执行安全用火管理制度，做到“三不动火”，即没有批准火票不动火，安全监护人不在场不动火，防火措施不落实不动火。

（2）在正常生产装置内，凡是可动可不动火的一律不动；凡能拆下来的一律拆下来，移到安全区域动火；节假日不影响正常生产的用火，一律禁止。

(3) 凡在生产、储存、输送可燃物料的设备、容器、管道上动火，应首先切断物料来源，加好盲板，经彻底吹扫、清洗、置换后，打开人孔，通风换气，并经分析合格后，才可动火。

(4) 用火审批人必须亲临现场，落实防火措施后，方可签火票。一张火票只限一处有效。

(5) 动火人和安全监护人在接到动火证后，应逐项检查防火措施落实情况，防火措施不落实或防火监护人不在场，动火人有权拒绝动火。

(6) 生产装置进行大、中修，因动火工作量大，对于易燃易爆及有毒物料都应彻底撤出，送至装置外存放，并加盲板与装置完全隔绝。

总而言之，只有制定严明的制度并严格执行，才可以真正防止危险事故的发生，所以从业人员在工作中，一定不可有丝毫马虎、松懈的思想情绪。

三、危险化学品废料的安全知识

1. 危险化学品废料的来源

危险化学品废料是指列入国家《危险化学品名录》，或者根据国家规定的危险化学品鉴别标准和鉴别方法认定的具有危险特性的化学品废物。

根据国家环保总局 2005 年 10 月 1 日实施的《废弃危险化学品污染环境防治办法》中规定：废弃危险化学品，是指未经使用而被所有人抛弃或者放弃的危险化学品，淘汰、伪劣、过期、失效的危险化学品，由公安、海关、质检、工商、农业、安全监管、环保等主管部门在行政管理活动中依法收缴的危险化学品以及接收的公众上缴的危险化学品。废弃危险化学品属于危险废物，列入国家《危险废物名录》。

综上所述，可知危险化学品废料的来源主要包括以下几个方面：

（1）各种化工生产中产生的次品、废品。

（2）在销售、使用化学品中产生的次品、废品。

（3）医药废物中的药物废物和相关的化学品废物。

（4）在科学研究和开发或教学活动中产生的中间产物、副产品以及一些不明化学品废物。

（5）废弃危险化学品，因使用和储存等原因，在浓度、纯度、成分等方面发生变化，而不能再使用的危险化学品。

（6）超过使用期限而过期报废的化学品。

（7）农药废物。

（8）在存放过程中可能发生性质变化而产生危险性的废弃物质。

由此可见，危险化学品废料的来源是非常广泛的，种类是非常繁多的。

2. 危险化学品废料的特性

危险化学品废料，它的本质仍然是危险化学品，所以它的特性与危险化学品的特性是一致的，即具有易燃性、易爆性、毒害性、腐蚀性、急性毒性、浸出毒性、反应性、传染性、放射性等其中一种或一种以上危险特性。

危险化学品废料与危险废物之间既有区别又有联系。一般来讲，危险化学品废料较简单，它的成分中仅含一种或几种危险化学品。而危险废物较复杂，它的组成中除了危险化学品以外，还包括废水、废渣、污泥等含有多种有害物质的废弃物。像医疗废物就是一大类危险废物。

3. 危险化学品废料的装卸和转移

近年来，危险废物特别是危险化学品废物所造成的事故越来越多，这就要求我们对危险化学品废物不能漠不重视。我们要妥善地、安全地处置危险化学品废物，确保这些废料不会对环境造成二次污染，不会对人身造成伤害。

(1) 处置废弃危险化学品的安全要求

处置废弃危险品废料，应符合相关法律、法规的规定。对于不按国家有关规定擅自处置废弃危险化学品的行为，任何人都有责任向有关部门报告。

(2) 各类危险化学品废料的装卸和转移

危险化学品废料的装卸和转移的要求与注意事项，与相同类别的危险化学品的装卸和转移基本相同。可以参见第二节中相关内容，在此不再赘述。但需要特别注意的几点是：

1) 所有的废弃物应分类分别装在特制的有标签的容器内，并运送到指定地点进行废弃处理，防止发生危险。

2) 化学固体、液体废物处理前，必须按国家规范要求进行预处理和使用符合国家要求的包装、容器等存储，随时分级、分类收集，并在外包装醒目位置标明化学废弃物的内容、所经处理的工艺等，并由专人负责妥善保管。

3) 化学废弃物在实验室定点存放，不得随意排放、丢弃、填埋，应定期集中组织委托具有合法处理资格的单位进行销毁处理。

4) 有害废弃物的处理要按照操作规程进行，有关人员要接受适当的培训。

4. 危险化学品废料的处理

危险化学品废料的处理，是通过各种手段将这些废料转化为适于运输、储存、利用、处置的物质的过程，换言之，即实现无害化、减量化、资源化。目前危险化学品废料处理技术措施很多，主要有物理处理技术、化学处理技术、填埋技术、焚烧技术等，这些方法的技术含量都是非常高的。因为危险化学品的废弃物如果处理不当不仅对工人的健康有害，还有可能发生火灾和爆炸，有害于环境，危害工厂周围的居民。对于农民工，必须要了解和掌握在操作处理危险化学品废物的这些技术中，所使用的范围以及需要注意的事项。下面对这些技术做一简单介绍。

（1）物理处理技术

物理处理方法主要有压实、粉碎、分选、脱水干燥、蒸馏与溶剂萃取法、吸附法、离子交换法、膜分离法、电渗析与电泳等。对于固体废物一般采取压实、粉碎、分选的方法。

1）压实是固体废弃物预处理普遍采用的一种方法，其目的是减少废物的容积便于装卸和运输；制取高密度的惰性块料，便于储存或处理。

2）粉碎是减小废物的颗粒尺寸、降低空隙率、增大容重的手段。其目的是利于分选有用或有毒有害的物质。粉碎时要注意：

①粉碎机的性能（包括噪声大小、维修的情况、能源的需要等）及容积大小，是否满足待粉碎废物的要求。

②进料的方式，避免挂料。

③防止危险物进入粉碎机。

④选择合适的地点，不要对周围环境造成影响。

3）分选是根据废物的性质（主要是物理性质），将有毒有害的成分分离，将有用的成分进行利用。分选的方法比较多，可根据危险化学品废物的性质对照表 4—2 进行选择。

4）脱水干燥是将液体危险化学品废料进行处理的一种方法，使用该法时要注意，针对物料的干燥过程的工艺、操作特性以及周围环境的要求，选择合适的干燥器。

表 4—2　　各种分选方法的比较

分选方法名称	物料类型	预处理要求	注意事项
手工拣选	纸类、钢铁类、木材等	不预处理	分选高质纸、金属、木材等
手工拣选、风力拣选	废报纸、一般纸等可燃性物料	不预处理	轻组分中可燃物料的分选或者重组分中金属、玻璃等的分选
筛选	玻璃类	破碎、风选，也可不预处理	重组分中分选玻璃
浮选	玻璃类	破碎、风选	注意水污染控制
光选	玻璃类	破碎、风选	不透明的废物中选玻璃或彩色玻璃中选硬质玻璃
磁选	铁磁性金属	破碎、风选	大规模的工业固体废物与城市垃圾的分选
静电分选、重介质分选	玻璃类、铝及非铁磁性金属	破碎、风选、筛选	必须通过实验后才能选用，提高调整介质的相对密度，分离多种不同金属

5）蒸馏与溶剂萃取法，蒸馏是将不同沸点的组分进行分离，一般差异越大分离效果越好。溶剂萃取法是用溶剂将污染物从废水中提取出来的一种方法。该法大多用于对有机物进行分离。如果溶剂

中含有与金属发生反应的物质，则该法也可用于金属离子的分离、去除或回收。

6）吸附法是利用吸附剂将危险化学品废料中的成分进行富集的一种方法。注意吸附剂的选择。

7）离子交换法是处理低浓度危险化学品废物的一种方法。它对操作条件要求较高，需注意交换树脂的选择以及溶液 pH 值的控制、流速的控制。

8）膜分离法是利用半透膜，在渗透压的作用下，将废物中的成分进行分离。它适宜于高浓度的废水处理。注意该技术受温度限制，所以在操作时要严格控制半透膜所适宜的温度。

（2）化学处理技术

通过化学方法将危险废物分解成无毒气体，或者改变废物的化学性质。主要方法有：沉降处理法、中和法、氧化还原法、热解等。

1）沉降处理法是一种物理化学过程，它是通过加入絮凝剂，将液态物质转化为固相，是废水处理中经常使用的一种方法。常用的絮凝剂有明矾、石灰、各种铁盐以及一些有机絮凝剂。注意使用哪种絮凝剂要根据废水的成分来决定。

2）中和法是处理无机废水所使用的一种方法，它将废水中的无机离子通过调节 pH 值进行中和，将废水进行处理。一般酸性废水加石灰来调节 pH 值，碱性废水加硫酸来调节 pH 值。进行操作时注意安全。

3）氧化还原法是通过加入氧化剂或者还原剂，改变废水中的物质状态，从而达到废物处理的目的。氧化还原法的主要功能是降低废物的毒性，如氧化剂可以使毒性很大的氰化物转化为毒性较小的氰酸盐甚至完全氧化为二氧化碳或氮气。再比如加入还原剂使毒性大的铬酸（+6 价）转变为毒性小的铬离子（+3 价）。在进行氧化还原法操作时要注意：一是 pH 值的控制，因为如果 pH 值不符合要求，氧化剂或者还原剂就可能发挥不了作用；再就是要加强自身的保护。

4）热解法是利用高温将废物裂解成炭化产品的过程。主要用于处理高有机含量的工业废物，如塑料和旧轮胎就是利用热解来分离废物的。

（3）焚烧技术是将废物置于焚烧炉中，利用高温燃烧的方式将废物中的有毒有害物质氧化、热解，从而破坏其毒害性。所以危险废物通过焚烧可以将危险减量化和无害化。该方法适合于不宜回收利用其有用组分、具有一定热值的危险废物。焚烧法可以处置固体、液体和气体危险废物，特别是当废物中含有有机物时，使用这种方法效果更好、更经济。注意：易爆废物不宜用该法。

（4）填埋技术是将危险化学品废料经过处理后进行安全填埋处置，实际就是将危险化学品废料放置或储存在土壤中的一种方法。其目的是将危险化学品废料与环境隔离。这种方法适用于处置不能回收利用其组分和能量的危险化学品废料，特别是无机盐类危险化学品废料。使用该法要注意：一是对填埋场地的选择要合理；二是要严格按照国家有关法律、法规和标准执行。

5. 特殊行业的废物处理

（1）化工废气处理

化工废气种类繁多，成分各异，国内外普遍采用的治理技术如下：

1）改进工艺，提高转化率，减少废气的排放量。如硫酸生产由原来的一次转化一次吸收工艺改为二次转化二次吸收工艺，大大提高转化率和吸收率，从而降低硫酸的排放浓度。

2）回收利用化工废气，减少污染物排放，还可增加经济效益。

如：合成氨生产中的各种含氨废气的回收使用；硫酸生产中二氧化硫尾气的回收和磷酸生产中氟回收后生产冰晶石等氟盐。

3）含粉尘废气可采用布袋除尘器、电除尘器、旋风除尘器等方法进行处理后排放。

4）采用各种吸收、吸附设备对含有机物质的废气进行处理。如涂料、喷漆、塑料、橡胶生产过程中产生的废气多采用这种方法。

5）有机化工生产废气中若含有可燃有机物或恶臭物质，可直接燃烧处理或催化燃烧处理。如乙烯装置在正常生产和事故停车时排放的废气采用火炬燃烧法处理。

（2）化工废渣的处理

化工废渣可分为无机废渣和有机废渣；根据其对环境和人体危害性的不同，又可分为一般工业废渣和危险废渣。对于各类危险化学品废渣在处理前，先进行分类，因为种类不同，处理方法不同。化工废渣处理的原则是：

1）采用清洁生产工艺，尽量将废渣消灭在生产过程中。

2）按照化工废渣的性质，采用不同的方法就地处理和综合利用。如磷肥工业产生的大量磷石膏可进行综合利用，联产硫酸和水泥；硫酸废渣可制砖；煤灰废渣可制水泥等。

3）无法利用的有害废渣可采取固化法、化学处理法、焚烧法或安全土地填埋法进行妥善处理。

（3）化工废水处理

化工废水中的污染物成分非常复杂，根据废物成分的性质分为无机废水和有机废水。无机废水中多含有酸液、氟化物、碱液、磷化物、氨、氰化物、硫化氢以及各种重金属，如铜、铁、镉、铬、汞等。这种化工废水多采用中和、化学沉淀、氧化、还原等工艺进行处理。根据其废水中的污染因子的成分，可分别设计采用不同的处理工序。

有机废水多含有 COD、BOD_5、SS、总有机碳、可溶解固体、醛类、苯类、氨氮、酚类等有毒有害物质。这类废水可采用反渗透、萃取、电解、吸附等物理方法进行处理。如果有机污染物浓度高，污水处理的运行费用较高，最好的处理方法是结合清洁生产，处理后循环使用，尽量少排放或零排放。例如，氮肥生产行业中产生的造气含氨废水可采用凉水塔结合生化法进行处理后，实现闭路循环同用；高浓度含氨废水可通过碳化吸收或蒸馏技术，将稀氨水浓缩成浓氨水，或制成其他氨的产品。

(4) 农药的废弃物处理

农药废弃物是指由于储藏时间过长或受环境条件的影响，变质、失效的农药，施药后剩余的药液及农药包装物，如盛装农药的瓶、桶、罐、袋等。对于农药废弃物，要采取积极有效的措施进行处理，以保证环境和人类的安全。具体措施如下：

1) 对农药废弃物处理的要求，应及时处理，不要随意堆放。

2) 不要将其放在对人、家畜、农作物和其他植物以及食品和水源有害处的地方。

3) 提高人们的防范意识，不要无选择地抛弃，对那些已被国家有关技术部门确认已变质、失效及淘汰的农药应予销毁。

4) 对于完好无损的可由销售部门或生产厂统一回收。

5) 金属罐、桶要清洗，然后埋掉；玻璃容器要打碎再处理；将那些杀虫剂的包装纸、除草剂的包装纸板等进行焚烧；塑料容器等清洗、穿透后再焚烧，以保证环保及人身安全。

6) 废弃物处理过程中必须戴用防护器具等。

(5) 医疗固体废物中医药废物和化学废物处理

医疗固体废物的处理已经引起人们的高度重视，目前国际上正在应用的医疗固体废物处理方法有以下几种：

1）焚烧处理法。医疗固体废物主要由废纸、塑料、木竹、纤维、皮革、橡胶、手术切除物、玻璃器皿等组成。这些垃圾大部分是有机碳氢化合物，在一定温度和充足的氧气条件下，可以完全燃烧成灰烬。医疗固体废物经过焚烧处理后，不仅可以完全杀灭细菌，使绝大部分有机物转变成无机物，而且还使废物体积减少85%～95%。从而大大减少了最终填埋的费用，消除了人们对医疗废物的厌恶感，且技术成熟。

2）埋场填埋法。这是医疗固体废物的最终处置方法。通常由城镇设置集中的卫生填埋场填埋。填埋场设有防水层防止垃圾渗沥液污染地下水，渗沥液和废气有专设处理设施。经过医疗废物处理法处理后的医疗固体废物或残余物送到卫生填埋场进行最终处置。

在当今国际上应用的诸多医疗废物处理法中，只有高温焚烧处理法具备对医疗废物适应范围广、处理后的医疗废物难以辨认、消毒杀菌彻底、使废物中的有机物转化成无机物、减容减量效果显著、有关的标准规范齐全、技术成熟等多方面优点。焚烧所产生的污染物经过先进的去除污染设备，可以控制在国家的标准范围内，是首推的可供选择的医疗废物处理方法。

6. 不明危险化学品废料

不明危险化学品废料，顾名思义就是它的危险性不明、化学物质的种类不明、浓度不明。它的来源可能是：包装的损坏等多种原因造成标签脱落，而无法辨认该物品的种类；还可能是研究中的中间产物还未进行鉴定而废弃；还可能是多种废弃物混杂一起等。不论是哪种可能，如果农民工在施工过程中，发现不明物品，例如，装有液体、固体的容器，在不能判断东西的性质是什么的情况下，不要随意打开，可以向有关部门报告，由专业部门进行处置。

第四节　危险化学品安全事故的应急处置

随着我国改革开放的进行，我国的化工事业也取得了飞速发展。但是也应该看到目前已经开始进入危险化学品安全事故多发期阶段，由危险化学品泄漏、火灾、爆炸造成的人员伤亡、财产损失与环境污染十分严重，这些都直接威胁着人民群众生命财产与生存环境的安全和社会稳定，国家对此给予了前所未有的重视。

一、危险化学品事故应急救援的基本原则

危险化学品事故应急救援是指危险化学品由于各种原因造成或可能造成人员伤亡及其他较大社会危害时，为及时控制危险源，抢救受害人员，指导群众防护和组织撤离，消除危害后果而组织的救援活动。

对于危险化学品事故，应该了解和掌握基本的应急救援的原则与任务。

1. 控制危险源

及时控制造成事故的危险源，是应急救援工作的首要任务，只有及时控制住危险源，防止事故的继续扩展，才能及时、有效地进行救援。

2. 抢救受害人员

抢救受害人员是应急救援的重要任务。在应急救援行动中，及时、有序、有效地实施现场急救与安全转送伤员是降低伤亡率，减少事故损失的关键。

3. 撤离

由于化学事故发生突然、扩散迅速、涉及面广、危害大，应及

时指导和协助群众采取各种措施进行自身防护，并向上风向迅速撤离出危险区或可能受到危害的区域。在撤离过程中应积极听从指挥，协助组织群众开展自救和互救工作。

4. 做好现场清理，消除危害后果

对事故外溢的有害物质和可能对人体和环境继续造成危害的物质，应及时和有关人员一起予以清除，消除其危害，防止对人体的继续危害和对环境的污染。

二、各种泄漏事故的扑救

造成各种泄漏事故发生的重要原因之一是危险化学品泄漏。危险化学品泄漏后，不仅污染环境，对人体造成伤害；对可燃物质，还有引发火灾爆炸的可能。因此，对泄漏事故进行及时、正确地处理，是防止事故扩大的关键。危险化学品泄漏的处理主要包括泄漏源控制及泄漏物处理 2 大部分。

1. 压缩或液化气体泄漏事故的扑救

压缩或液化气体通常是以罐装或管道方式储存，对于罐装压缩或液化气体泄漏事故一般应采取以下基本对策。

（1）气体泄漏后遇到火源且已形成稳定的燃烧

1）扑救此种压缩或液化气体事故切忌盲目扑灭火势，因为此时泄漏的气体燃烧后，就减小了泄漏气体扩散在空气中的浓度，也减小了罐内的压力，故发生爆炸的可能性相比未燃还小。但是如果不小心把泄漏处的火焰扑灭了，在还没有采取堵漏措施的情况下，应立即用长火棒将漏气处点燃，使其燃烧消耗尽。否则，大量压缩或液化气体泄漏出来与空气混合，遇到火源就会发生爆炸，后果不堪设想。

2）如果泄漏气体火灾外围有可燃物被引燃时，应首先扑灭这部分可燃物火势，以便切断蔓延途径，控制燃烧范围，并积极抢救、疏散受伤和被困人员。

3）压力容器因为受到火焰的辐射烘烤，所以非常危险，一定要尽量转移，但必须要在水枪的掩护下进行；如果不能进行转移的，则一定要配备足够的水枪保护。此时进行冷却的人员要注意保护好自身的安全，可以采用低姿势或现场的可用的掩护体等进行自我保护。

（2）气体泄漏后没有遇到火源

1）此时要确定泄漏口的大小，准备好相应的堵漏材料进行堵漏，通常使用的堵漏材料有橡皮塞、气囊塞、软木塞、胶粘剂等。

2）如果泄漏口太大，无法进行堵漏，就立即用长火棒将漏气处点燃，使泄漏气体燃烧消耗尽。

（3）对于输气管道出现泄漏，可按照以下 2 种情况采取基本对策。

1）输气管道泄漏并着火

①输气管道泄漏着火，首先应设法找到气源阀门将其关闭，因为没有了气体供给，火也就会自动熄灭。

②尽快找到泄漏口进行堵漏，一般情况只要漏洞堵上了，火也就灭了。

2）输气管道泄漏而未着火，应迅速将气源阀门关闭。再对泄漏口进行堵漏。

2. 易燃液体泄漏事故的扑救

易燃液体泄漏后，会顺着地面（或水面）漂散流淌，造成事故面积的扩大，如果再遇着火，则是非常危险的。所以必须对这类泄漏物进行及时有效的处理，防止二次事故的发生。

一般现场泄漏物处理是通过覆盖、收容、稀释，使泄漏物得到安全可靠的处置。具体的处置方法主要有以下 4 种（见图 4—3）：

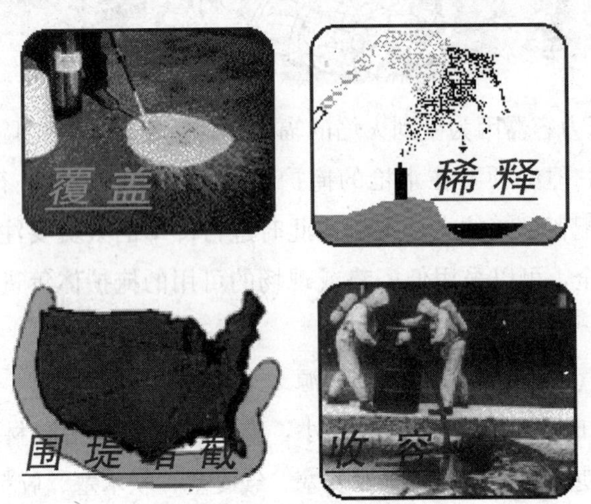

图 4—3　4 种具体的处置方法

（1）围堤堵截

泄漏物为液体，泄漏到地面上时会四处蔓延扩散，难以收集处理。为此需要筑堤堵截或者引流到安全地点。

（2）稀释与覆盖

对于液体泄漏，为降低物料向大气中的蒸发速度，可用泡沫或其他覆盖物品覆盖外泄的物料，在其表面形成覆盖层，抑制其蒸发。

对于气体泄漏，为减少大气污染，通常是采用水枪或消防水带向有害物蒸气云喷射雾状水，加速气体向高空扩散，使其在安全地带扩散。在使用这一技术时，将产生大量的被污染水，因此应疏通污水排放系统。对于可燃物，也可以在现场施放大量水蒸气或氮气，破坏燃烧条件。

（3）容器发生泄漏后，应采取措施修补和堵塞裂口，制止危险化学品的进一步泄漏。

（4）收容（集）

当泄漏量大时，可选择用隔膜泵将泄漏出的物料抽入容器内或槽车内；当泄漏量小时，可用沙子、吸附材料、中和材料等吸收中和。

（5）废弃

将收集的泄漏物运至废物处理场所处置。用消防水冲洗剩下的少量物料，冲洗水排入含油污水系统处理。

特别强调进入泄漏现场进行处理时，因工作场所中存在相关的危险因素，操作人员应注意以下几项：

1）进入现场人员必须配备必要的个人防护器具。注意检查防护器具是否齐全、有效。

2）如果泄漏物是易燃易爆的，应严禁火种。

3）应急处理时严禁单独行动，要有监护人，必要时用水枪、水炮掩护。

4）危险化学品泄漏时，除受过特别训练的人员外，其他任何人不得试图清除泄漏物。

三、火灾事故的扑救

危险化学品容易发生火灾、爆炸事故，但不同的危险化学品以及在不同情况下发生火灾时，其扑救方法差异很大，若处置不当，不仅不能有效扑灭火灾，反而会使灾情进一步扩大。此外，由于危险化学品本身及其燃烧产物大多具有较强的毒害性和腐蚀性，极易造成人员中毒、灼伤。因此，扑救危险化学品火灾是一项极其重要又非常危险的工作。从事危险化学品生产、使用、储存、运输的人员和消防救护人员平时应熟悉和掌握危险化学品的主要危险特性及其相应的灭火措施。

1. 扑救液化气体类火灾

切忌盲目扑灭火势，在没有采取堵漏措施的情况下，必须保持稳定燃烧。否则，大量可燃气体泄漏出来与空气混合，遇着火源就会发生爆炸，后果将不堪设想。

2. 扑救爆炸物品火灾

一切行动听从指挥。配合指挥人员，疏散这些危险品。切忌用沙土盖压，以免增强爆炸物品爆炸时的威力。另外扑救爆炸物品堆垛火灾时，水流应采用吊射，避免强力水流直接冲击堆垛，以免堆垛倒塌引起再次爆炸。要采取自我保护措施，利用现场的有利地形或采取卧姿行动。如有再次发生爆炸的征兆或危险时，要迅速撤退。来不及撤退时，应就地卧倒。

3. 扑救遇湿易燃物品火灾

遇湿易燃物品能与潮湿和水发生化学反应，产生可燃气体和热量，有时即使没有明火也能自动着火或爆炸，如金属钾、钠以及三乙基铝（液态）等。因此，这类物品有一定数量时，绝对禁止用水、泡沫、酸碱灭火剂等湿性灭火剂扑救。这类物品的这一特殊性给其火灾的扑救带来了很大的困难。

通常情况下，扑救遇湿易燃物品火灾一般应注意采取以下基本对策：

(1) 首先应了解清楚遇湿易燃物品的品名、数量、是否与其他物品混存、燃烧范围、火势蔓延途径。

（2）如果只有极少量（一般50克以内）遇湿易燃物品，则不管是否与其他物品混存，仍可用大量的水或泡沫扑救。水或泡沫刚接触着火点时，短时间内可能会使火势增大，但少量遇湿易燃物品燃尽后，火势很快就会减小或熄灭。

（3）如果遇湿易燃物品数量较多，且未与其他物品混存，则绝对禁止用水或泡沫、酸碱等湿性灭火剂扑救。遇湿易燃物品应用干粉、二氧化碳、卤代烷扑救，只有金属钾、钠、铝、镁等个别物品用二氧化碳、卤代烷无效。固体遇湿易燃物品用水泥、干砂、干粉、硅藻土和蛭石等覆盖。水泥是扑救固体遇湿易燃物品火灾比较容易得到的灭火剂。对遇湿易燃物品中的粉尘如镁粉、铝粉等，切忌喷射有压力的灭火剂，以防止将粉尘吹扬起来，与空气形成爆炸性混合物而导致爆炸发生。

由于遇湿易燃物品性能特殊，又不能用常用的水和泡沫灭火剂扑救，从事这类物品生产、经营、储存、运输、使用的人员及消防人员平时应注意了解和熟悉其品名和主要危险特性。

4. 扑救毒害品和腐蚀品的火灾

应尽量使用低压水流或雾状水，避免腐蚀品、毒害品溅出；遇酸类或碱类腐蚀品最好调制相应的中和剂稀释中和。

5. 扑救易燃固体、自燃物品火灾

一般都可用水和泡沫扑救，只要控制住燃烧范围，逐步扑灭即可。但有少数易燃固体、自燃物品的扑救方法比较特殊，如二硝基苯甲醚、二硝基萘、萘等是易升华的易燃固体，受热放出易燃蒸气，能与空气形成爆炸性混合物，尤其在室内，易发生爆燃。在扑救过程中应不时向燃烧区域上空及周围喷射雾状水，并消除周围一切火源。

6. 扑救易燃粉尘火灾

由于粉尘的积沉性、堆积性的特点，粉尘着火时要避免采用气流喷射式的灭火设施，否则粉尘在扑火气流的作用下飞散悬浮会形成新的混合物，导致二次事故的发生。

7. 扑救易燃液体火灾

易燃液体因其相对密度和水溶性的差异，会涉及能否用水和普通泡沫灭火剂扑救的问题以及危险性很大的沸溢和喷溅问题，所以扑救易燃液体火灾往往也是一场艰难的战斗。遇易燃液体火灾，一般应根据物品的性质采用以下基本对策。

（1）比水轻又不溶于水的液体（如汽油、苯等），用普通泡沫或轻水泡沫灭火剂效果比较好。比水重又不溶于水的液体（如二硫化碳）起火时可用水扑救，水能覆盖在液面上灭火。用泡沫灭火剂也有效。具有水溶性的液体（如醇类、酮类等），最好用抗溶性泡沫灭火剂扑救。上述 3 种情况用干粉或卤代烷扑救时，灭火效果要视燃烧面积大小和燃烧条件而定，也需用水冷却罐壁。

（2）根据物品有无毒害、腐蚀、沸溢、喷溅等危险性，采取相应的防护措施。

8. 扑救酒精、苯、原油和重油等具有沸溢和喷溅危险的液体火灾

如有条件，可采用取放水、搅拌等防止发生沸溢和喷溅的措施，在灭火同时必须注意计算可能发生沸溢、喷溅的时间和观察是否有沸溢、喷溅的征兆（如火势突然减小等现象）。指挥员发现危险征兆时应迅即作出准确判断，及时下达撤退命令，避免造成人员伤亡和装备损失。扑救人员看到或听到统一撤退信号后，应立即撤至安全地带。

9. 加油站火灾的扑救

由于加油站环境的特点，无论是加油和维修设备还是卸油作业和站内整理等都容易发生火灾，因此必须高度重视。加油站内一旦发生火灾事故应尽量把它消灭在初起阶段。常见火灾的扑救方法有以下几种。

（1）车辆的油箱口着火。油箱口着火的原因大多是由于加油时静电尖端放电所致，可脱下衣服或用其他适当物品将油箱口堵严，使火窒息。

（2）摩托车发动机着火。应立即停止加油，先设法将油箱盖盖上，然后再用砂土或灭火器将火扑灭。

（3）加油机操作室着火。加油机操作室着火时应立即停止加油，切断电源，关闭油罐闸阀，加油车辆迅速驶离加油站，并用灭火器扑救。

（4）加油站周围油蒸气燃烧或爆炸。当燃烧或爆炸威胁整个加油站安全时，应立即停止加油，关闭闸阀，堵住油罐通车管，切断电源，清整疏通加油站内外消防道路，并立即报告消防机关，同时组织在场人员利用现有器材扑灭油火，转移地面的油箱等小型储油容器，最大限度地减少火灾损失，配合消防队投入灭火战斗。

（5）当人体沾上油火时，如果身上的衣服能撕脱下来，应尽可能迅速撕脱，当衣服来不及脱时，可就地打滚把火压灭。但要注意，沾上油火的人不能由于惊慌失措或急于找人解救而拔腿就跑，人一跑，着火的衣服得到充足的新鲜空气，火势就会更加猛烈地燃烧起来，同时成为“流动”的火源，造成火势扩散。另外要注意的就是不能用灭火器直接向人身体上喷射，以免造成人体的损伤。

值得注意的是：危险化学品火灾的扑救应由专业消防队来进行。其他人员不可盲目行动，待消防队到达后，介绍物料介质，积极配合扑救。但是应急处理过程并非是按部就班的按以上顺序进行，而是根据实际情况尽可能同时进行，如危险化学品泄漏，应在报警的同时尽可能切断泄漏源等。危险化学品事故的特点是发生突然，扩散迅速，持续时间长，涉及面广。一旦发生危险化学品事故，往往会引起人们的慌乱，若处理不当，会引起二次灾害。因此，农民工应根据各企业制订的危险化学品事故应急计划与应急方案，经常学习有关知识，提高自己对付突发性灾害的应变能力，做到遇灾不慌，临阵不乱，正确判断，正确处理，增强人员自我保护意识，减少伤亡。

四、危险化学品事故应急救援知识

1. 建立警戒区域

事故发生后，应根据危险化学品泄漏的扩散情况或火焰辐射热所涉及的范围建立警戒区，并在通往事故现场的主要干道上实行交通管制。建立警戒区域时应注意以下几项：

（1）警戒区域的边界应设警示标志并有专人警戒。

（2）除消防、应急处理人员以及必须坚守岗位人员外，其他人员禁止进入警戒区。

（3）泄漏溢出的危险化学品为易燃品时，区域内应严禁火种。

2. 紧急疏散

迅速将警戒区及污染区内与事故应急处理无关的人员撤离，以减少不必要的人员伤亡。紧急疏散时应注意：

（1）如事故物质有毒时，需要佩戴个体防护用品或采用简易有效的防护措施，并有相应的监护措施。

（2）应向上风方向转移，明确专人引导和护送疏散人员到安全区，并在疏散或撤离的路线上设立哨位，指明方向。

（3）不要在低洼处滞留。

(4) 要查清是否有人留在污染区与着火区。

为使疏散工作顺利进行，每个车间应至少有两个畅通无阻的紧急出口，并有明显标志。要使从业人员了解紧急出口的位置。

3. 伤员急救知识与要领

(1) 现场急救

在事故现场，危险化学品对人体可能造成的伤害为：中毒、窒息、冻伤、化学灼伤、烧伤等。现场急救是一项复杂的工作，急性中毒在现场如抢救不及时或处置不恰当都会引起死亡，有的甚至留有后遗症。因此，在现场急救过程中为最大限度地降低人员伤亡，要求救援人员不仅要懂得危险化学品的理化特性和毒性特点，还需要掌握一定的医疗急救技术和防护知识，这样才能更有效地实施救援。现场急救的基本原则是，先救人后救物，先救命后疗伤，同时还应注意以下几点：

1）个人防护。危险化学事故发生后，危险化学品会通过呼吸系统和皮肤进入人体。因此，必须了解危险化学品的种类、性质和毒性，选择好合适的防护措施，做好自身及伤病员的个体防护。

2）毒物源的切断。进入事故现场后，要迅速切断毒物的来源，防止毒物继续外溢对人体造成的进一步伤害。

3）选择有利地形设置急救点。

4）防止发生继发性损害。

5）应至少2～3人为一组集体行动，以便相互照应。

6）所用的救援器材需具备防爆功能。

（2）急救要领

当现场有人受到危险化学品伤害时，应立即进行以下处理：

1）呼吸困难时给氧；呼吸停止时立即进行人工呼吸；心脏骤停需立即进行心脏按摩。

2）皮肤污染时，脱去受污染的衣服，用流动清水冲洗皮肤，冲洗要及时、彻底、反复多次；头面部灼伤时，要注意眼、耳、鼻、口腔的清洗。

3）误服危险化学品者，可根据物料性质对症处理。

4）经现场处理后，速护送到医院进一步救治。

注意：急救之前，救援人员应确信受伤者所在环境是安全的。另外，口对口的人工呼吸及冲洗污染的皮肤或眼睛时，要避免进一步受伤。

4. 几种主要的急救方法

（1）人工呼吸法

人工呼吸，可保持继续不间断供氧。所以当患者出现呼吸停止时，要不失时机地进行人工呼吸，防止长时间呼吸中止，而造成机体缺氧致死，特别是脑组织的缺氧。人工呼吸时注意吹气要大、要深、要快，一般要达到每次 700～1 000 毫升，每次吹气时间应持续 2 秒以上。

（2）胸外心脏挤压法

胸外心脏挤压是在患者出现突然深度昏迷，颈动脉或股动脉缺血，瞳孔散大，脸色土灰色或发绀，呼吸停止等症状时，必须马上实施的一种急救手段。方法是：将双手重叠压迫位于胸骨和胸后壁之间的心脏，迫使血液流动。也就是说，人工使血液循环开始，生命复苏。注意正确的方法，胸外心脏挤压必须在硬床或台子上进行，手的位置要正确在胸骨中央 1/3 处，手腕要挺直，慢慢地把体重加上，压迫胸骨使之下沉 4～5 厘米，然后突然放松减压。减压时，也要彻底，此时手不离胸壁。胸外心脏挤压的频率是每分钟 60 次，过慢不能发挥作用。注意力量不要过大而压断肋骨，边做胸外心脏挤压，边往医院护送，争取抢救时间。

（3）中毒的急救

迅速将患者脱离现场送至空气新鲜处，这是现场急救的重要步骤，是抢救成功的关键。然后将患者身上一切可能妨碍呼吸的衣物松开，如衣领、紧身衣、腰带等，将口中假牙和异物取出，保持呼吸道通畅，有条件时还要及时给氧。迅速将患者送往就近的医院做进一步的治疗，在护送途中，要密切注意患者的呼吸、心跳、脉搏等生命体征，并且不能中断输氧、胸外心脏挤压等急救措施。要尽量弄清致毒物质，以便协助医生排除中毒者体内毒物。

（4）烧伤、烫伤的紧急救护

火焰烧到身体后，应立即脱去着火的衣服，并迅速卧倒，慢慢滚动以压灭火焰，切忌用双手扑打，以免造成手的烧伤。

皮肤被化学品烧伤时，应立即将患者移离现场，迅速脱去被化学品沾染的衣裤、鞋袜，用流动清水降温，冲洗创面 15 分钟以上，用干净的布覆盖在创伤面上，以避免更大面积的污染，注意水流不要过大。

眼睛被化学品烧伤时，应立即用流动清水冲洗烧伤的眼睛，以免造成失明。应让受伤的眼睛向下，以防止冲洗伤眼的水流入另一只眼睛。如果无法冲洗时，可将整个眼部埋入清洁水中将眼皮掰开进行清洗，并且眼球要转动，清洗 20 分钟以上。充分冲洗后还要立即到医院眼科进一步治疗。

电击烧伤时，将伤口用盐水或新洁尔灭棉球洗净，用凡士林油纱或干净的毛巾、手帕包扎好，去医院进一步治疗。

对于轻度烫伤，即皮肤只有明显红肿没起水疱，应尽快地泡入凉水，既可以止痛、减轻肿胀，又可防止起疱，再用干净的纱布包好即可。灼伤处还可以放在淡盐水里浸泡，也可在灼伤处涂些香油、生蛋清、植物油、獾油、蜂蜜等。

对于重度烫伤，即皮肤已经起水疱，疼痛难忍、发热，这时要立即用冷水冷却，甚至冰敷 30 分钟以上，注意不要任意把水疱弄破，以免感染，可先用 75％的酒精消毒后再把水疱刺破，流出水液后再用 75％的酒精浸湿的布包扎患处，可防止感染。若烫伤严重，要立即去医院治疗。

(5) 碰伤、撞伤的紧急救护

手脚扭伤脱臼，是关节受到过大力量冲击而引起的，扭伤时关节周围的组织断裂或拉长，而脱臼则是关节处于脱位状态。出现这种伤情时，千万不要自己复位，以免出现错误，尽量保持原有的姿势，立即送医院就医复位。

骨折，是骨骼因外伤发生的完全断裂或不完全断裂。骨折时，局部有明显的肿胀并出现明显的变形，且局部疼痛，活动时疼痛加剧。这时要保护好受伤的肢体，以免加重伤情和伤口感染，应争取时间立即去医院进行抢救。

（6）擦伤或割伤

如身体的某部位被擦伤或割伤时，这时最重要的是先止血，如果出血不多，可用卫生纸将污染的血挤压出，然后用创可贴或纱布包扎即可。如果出血很多且流得很急，甚至外喷，这种情况说明切口很深，可能伤及动脉，此时必须马上找到止血点，即压住比伤口距离心脏更近部位的动脉血管，并把此处的血管压住直接加压止血，同时抬高伤处止血。如果切割的器具不干净，简单进行伤口处理后，应马上去医院注射破伤风预防针，同时注射抗生素，以避免伤口感染。若有异物，不可随意取出。移动患者要非常谨慎，伤处不可过度移动。

（7）冻伤

当人员发生冻伤时应迅速复温。复温的方法是采用 40℃温热水浸泡，使其温度提高至接近正常；在对冻伤的部位进行轻柔按摩时，应注意不要将冻伤处的皮肤擦破，以防感染。

五、几种常见中毒事故的急救方法

1. 煤气中毒

实际上就是一氧化碳中毒。煤气中毒后，切不可慌张。在送医院前可采取一些自救措施，一定要让中毒者充分吸氧，并注意呼吸道的畅通。

一氧化碳中毒的主要表现是大脑因缺氧而昏迷。急救方法有：

（1）将中毒者安全地从中毒环境内抢救出来，迅速转移到清新空气中。

（2）若中毒者呼吸微弱甚至停止，应立即进行人工呼吸。只要心跳还存在就有救治可能，人工呼吸应坚持 2 小时以上。如果患者曾呕吐，进行人工呼吸前应先消除口腔中的呕吐物。如果心跳停止，就进行心脏复苏。

(3) 尽快供氧。应维持到中毒者神志清醒为止。

(4) 如果中毒者昏迷程度较深，可将地塞米松 10 毫克加入 20% 的葡萄糖液 20 毫升中缓慢静脉注射，并用冰袋放在头颅周围降温，以防止或减轻脑水肿的发生，同时转送医院，最好是有高压氧舱的医院，以便对脑水肿进行全面的有效治疗。

2. 汽油中毒

汽油中含有芳香族烃、不饱和烃类、硫化物，均为有毒性。此外，动力汽油中为了防震防爆添加的四乙基铅则具有强烈毒性。汽油中毒有 3 种途径，即呼吸道吸入汽油蒸气、汽油呛入呼吸道和直接入口中毒。汽油具有溶解脂肪和类脂质性能，进入人体后对肌体的神经系统有选择性损害。由呼吸道吸入时，即可引起剧烈咳嗽、胸痛，继之发热、咯血痰、呼吸困难、发绀、头昏、视力模糊，严重者还可出现恶心、呕吐、痉挛、抽搐、血压下降、昏迷等症状。急救措施：

(1) 使中毒者脱离中毒环境，并脱去受污染的衣物。

(2) 立即向“120”急救中心呼救。

(3) 静卧、保暖、吸氧。

(4) 地塞米松静脉滴注。

(5) 抗生素防肺部感染。

(6) 口服中毒者立即服色拉油 200 毫升以减少吸收，若口服汽油量较多时，可用色拉油洗胃。

3. 硫化氢中毒

除对硫化氢中毒者施行人工呼吸或苏生器输氧外，可将浸以氯水溶液的棉花团、手帕等放入口腔内，氯是硫化氢的良好解毒物。

4. 二氧化硫中毒

由于二氧化硫遇水生成硫酸，对呼吸系统有强烈的刺激作用，严重时可能灼伤，所以除了对中毒者施行人工呼吸或苏生器输氧外，还应给中毒者服牛奶、蜂蜜或用苏打溶液漱口，以减轻刺激。

5. 二氧化氮中毒

二氧化氮中毒最突出的特征是指尖、头发变黄，还有咳嗽、恶心、呕吐等症状。因为二氧化氮中毒时，中毒者会发生肺浮肿，因而不能采用人工呼吸，若必须用苏生器抢救时，在纯氧中不能掺二氧化碳，避免刺激中毒者肺脏。最好是在苏生器供氧的情况下，使中毒者能进行自主呼吸。

6. 二氧化碳窒息

对由于二氧化碳窒息造成假死者，应立即进行人工呼吸和苏生器输氧。

六、几种常见化学品灼伤的急救方法

化学腐蚀物品对人体有腐蚀作用，易造成化学灼伤。腐蚀物品造成的灼伤与一般火灾的烧伤烫伤不同，开始时往往感觉不太疼，但发觉时组织已灼伤。所以腐蚀物品触及皮肤后，应迅速采取急救措施。

1. 强酸烧伤

强酸类如盐酸、硫酸、硝酸、王水（盐酸和硝酸）、石炭酸等伤及皮肤时，会对人体造成较严重的伤害。

盐酸、石炭酸的烧伤，创面呈白色或灰黄色；硫酸的创面呈棕褐色；碳酸的创面呈黄色。若通过衣服浸透烧伤，应即刻将衣服脱去，并迅速用大量清水反复冲洗创面。充分冲洗后也可用中和剂——弱碱性液体如小苏打水（碳酸氢钠）、肥皂水冲洗。石炭酸烧伤用酒精中和剂冲洗，硝酸烧伤用苏打水溶液中和剂冲洗，效果很好。但若无中和剂也不必强求，因为充分的清水冲洗是最根本的措施。如皮肤已腐烂，应用水冲洗 20 分钟以上，再到医院治疗。

2. 强碱烧伤

常见的有苛性碱、氨、石灰等。碱可使组织细胞脱水与皂化脂肪，碱离子与蛋白结合形成碱性蛋白，可穿透到深部组织。因此，如果早期处理不及时，创面可继续扩大或加深，并引起疼痛。苛性碱烧伤创面，早期潮红或有小水疱，一般均较深。焦痂或坏死组织脱落后创面凹陷，边缘潜行，往往经久不愈。因强碱的黏性较大，所以强碱烧伤后急救时用清水冲洗的时间要求长一些，一般不直接使用中和剂。如果是碱性溶液浸透衣服造成的烧伤，应立即脱去受污染衣服，并用大量清水彻底冲洗伤处。充分清洗后，可用稀盐酸、稀醋酸（或食醋）中和剂冲洗，再用碳酸氢纳溶液或碱性肥皂水中和剂冲洗。根据伤者的情况，再到医院治疗。

3. 磷烧伤

在工农业生产中常能见到磷烧伤。磷及磷的化合物在空气中极易燃烧，氧化成五氧化二磷。磷烧伤创面在白天能冒烟，夜晚可有磷光，这是磷在皮肤上继续燃烧之故。因此伤面多较深，而且磷是一种毒性很强的物质，被身体吸收后，能引起全身性中毒。创面呈棕褐色，有时甚至肌肉、骨骼均为黑色。磷颗粒和五氧化二磷烟雾吸入后可引起严重呼吸道烧伤和肺水肿；经创面和黏膜吸收后可引起全身中毒，严重者可导致肝、肾功能衰竭，迅速死亡。

磷中毒病人一般情况为头晕头痛、全身乏力、肝区疼痛、肿大、出现黄疸，肝功能不正常。尿少，尿检查出现红细胞、蛋白，也可以看到血尿，严重者尿闭。皮下毛细血管出血，可见到紫癜（红色的小出血点，压之不褪色）。肝脏受损严重者，可发生中毒性肝炎。急救处理的原则是灭火除磷，然后用大量清水冲洗。冲洗后，再仔细察看局部有无残留磷质，也可在暗处观察，如有发光的残留磷，用小镊子剔除，然后用浸透1%的硫酸铜纱布敷盖局部，以使残留磷生成黑色的二磷化三铜，然后再冲去。也可以用3%双氧水或5%碳酸氢纳溶液冲洗，使磷氧化为磷酐。如无上述药液，可用大量清水冲洗局部。

磷烧伤应禁用油纱布局部包扎。因为磷易溶于油类，促使肌体吸收而造成全身中毒，可改用2.5%碳酸氢钠溶液湿敷2小时后，再用干纱布包扎。对于全身中毒者，主要是采取保护肝脏的疗法，如静脉注射50%高渗葡萄糖液，或静脉点滴5%～10%的葡萄糖液，加入大量的维生素C。服用其他保肝药物如肝泰乐。肾脏损伤出现蛋白尿、血尿者，可应用碱性药物如碳酸氢钠注射，卧床休息。

4. 氢氟酸烧伤

除具有一般酸类烧伤特点外，氢氟酸尚有溶解脂肪和脱钙的作用。烧伤皮肤呈现红斑或皮革样焦痂，随即发生坏死，并继续向四周和深部侵蚀，有时可深至骨骼使之坏死，形成难以治愈的溃疡，疼痛较剧。关键在于早期处理，用大量水冲洗或浸泡，或用饱和氯化钙或25%硫酸镁溶液浸泡，使表面残存的氢氟酸沉淀为氟化钙、氟化镁。用钙离子透入治疗创面效果更好。

思 考 题

1. 为预防火灾、爆炸事故的发生，应采取哪些具体安全措施？
2. 常见的可形成爆炸性混合物的气体、液体和固体各有哪些？
3. 危险化学品从业单位的动火管理分几级？动火作业时，有哪些安全管理要求？应当注意哪些安全事项？

4. 扑救危险化学品火灾，有哪些技术安全要求？若在运输过程中发生火灾如何正确应对？

5. 易燃气体和易燃液体，若产生静电会产生什么后果？可采取什么措施消除静电？

6. 危险化学品生产设备在停机检修时，应采取哪些措施防止事故发生？

7. 运输危险化学品对汽车驾驶员和车辆都有哪些具体要求与规定？

8. 哪些危险化学品是禁止在内河航道中运输的？

9. 易燃物品的储存条件有哪些要求？

10. 氧化性固体物质受潮结块时，是否能用敲打的方法将其粉碎？为什么？

11. 易燃液体的消防方法有哪些？

12. 易燃固体的消防方法有哪些？

13. 遇水、受潮易燃物品的消防方法有哪些？

14. 在有毒、腐蚀性物品的搬运装卸时应采取哪些防毒防护措施？

15. 正确处置固体废物的方法有哪些？

16. 危险化学品事故应急救援的基本原则是什么？

17. 液化气体类物品发生火灾时应注意的问题是什么？

18. 身体不同部位发生烧伤时的应急救治方法是什么？

19. 当有人发生煤气等有毒气体中毒时，应采取什么方法救治？人工呼吸时应注意什么？

20. 强酸性化学品触及皮肤时的急救方法是什么？

第五章 危险化学品事故的典型案例

学习目标：

通过本章的学习，加深对国内危险化学品安全事故典型案例的了解。通过汲取在危险化学品生产、储存、运输、使用及废物处置等过程中发生的沉痛的安全事故教训，从中学习积累必要的安全生产知识与相关经验，切实提高对危险化学品安全生产的重要性的认识。克服麻痹思想，自觉遵守安全生产管理规章，正确应对安全隐患，及时妥善处置早期事故苗头，有效防范危险化学品安全事故的发生。

从各类事故原因的分析结果来看，导致发生危险化学品事故的原因分为人和物 2 个方面。在生产过程中，人和物 2 个方面共同存在于一个系统中，当人的不安全行为和物的不稳定状态发生在同一时间、同一地点（空间），即两者相互交汇时，则可能在此时间、空间发生事故。这是事故致因的轨迹交叉理论的主要观点。其中，人的不安全行为（如在不安全方式、位置、速度、状态下操作；不正确使用防护用品；擅自拆除安全装置；开错、关错阀门等）和物的不安全状态（如机器设备缺陷，工艺条件不正确等环境方面的因素）是事故得以存在和产生的原因。但这些原因既又是由管理缺陷造成的。因此管理缺陷既是造成事故的间接原因，同时又是事故的直接原因得以产生和存在的根源。所以我们又说，管理过程中的缺陷是引发事故的根本原因，或者说是本质原因。不管是人的因素还是物的因素，都可以通过管理的完善和改进，使人的不安全行为减少，物的不安全状态降低，最终达到减少发生事故的可能，保证人民生命财产的安全。

第一节　危险化学品火灾、爆炸事故案例

一、1993年深圳清水河危险化学品仓库“8·5”特大爆炸火灾事故

1993年8月5日13时26分，深圳安贸危险品储运联合公司清水河危险化学品仓库发生特大爆炸事故，爆炸引起大火，1个小时后，着火区又发生第二次强烈爆炸，造成更大范围的破坏和火灾。数千名消防、公安、武警于8月6日凌晨5时扑灭大火，历时16个小时。在这次事故中共有15人死亡，25人重伤，数百人受伤。

此次事故造成清水河仓库的6个仓被完全摧毁，另2个仓严重破坏，事故造成的直接经济损失超过2亿元。

1. 事故经过

1993年8月5日13时10分，深圳清水河危险化学品仓库存放过氧化物、高锰酸钾及硫化物等危险化学品的4号仓库在进行装车作业时发生火情；13时26分，发生第一次爆炸，将2、3、4号连体仓摧毁，并使火势蔓延。爆炸所产生的强大冲击波破坏了附近货仓，使多种危险化学品暴露于火焰之中。这些危险化学品处于持续被加热状态长达1个小时。14时27分，5、6、7号连体仓发生第二次爆炸。这次爆炸将大量燃烧着的可燃物抛出，使火灾蔓延扩大，引燃

了距爆炸中心 250 米处木材堆场上的3 000立方米木质地板块、300 米处 6 个四层楼干货仓、400～500 米处 3 个山头上的树木。大火燃烧约 16 个小时后，于 8 月 6 日凌晨 5 时左右基本被扑灭。

2. 事故原因分析

经过事故现场勘察及对有关资料的分析，确认深圳清水河危险化学品仓库的火灾爆炸事故原因如下：

（1）在危险化学品货物储存时，违章将强还原剂硫化钠、可燃物樟脑精与强氧化剂过硫酸铵、高锰酸钾及易爆物品硝酸铵、硝酸钾、火柴等混存。而不稳定的过氧化物在气温较高时分解，氧化剂与还原剂接触反应放热等导致积热升温，最终引起燃烧、爆炸。同时，仓中货物堆放密集，没有隔离带及防火墙，仓外堆放大量的硝酸铵，这些因素导致了仓库燃烧、爆炸，是产生事故的直接原因。

（2）4 号仓库的硝酸铵爆炸后，引燃了周边库区密集堆放的其他易燃易爆物品，使库区的火灾面积迅速扩大。1 个小时后，6 号仓内的有机易燃物发生燃爆，爆炸释放出巨大的能量，造成瞬间局部高温高热，从而引发该仓内存放的硝酸铵第二次剧烈爆炸，使 5、6、7 号连体仓被摧毁，8 号单体仓损坏严重。

（3）第二次爆炸产生大量的可燃飞散物（黄磷等）和其他引燃物飞落在约 0.6 平方公里范围内，引起了更大面积的火灾。

（4）作为危险品仓库，通讯不畅。发生火灾后无法电话报警，只能驱车报警，延误了救灾时间。

由于事故发生时当地风向是偏南风，处于下风向的北部地区受灾面积大，损失严重，而地处上风向的液化石油气站虽然距爆炸中心仅 200 米，在消防干警、武警官兵及时奋力保护下幸免受灾，从而减少了损失。

3. 事故教训

这起事故是一起严重的责任事故，深圳安贸危险品储运联合公司严重违章，将干杂货仓库改作危险化学品仓库使用。在仓库中存放危险化学品时，不按国家有关防火规定，各种危险化学品之间没有安全间隔空间，使发生火灾时不能得到有效控制，最终导致灾害蔓延扩大。在作为危险化学品仓库使用时，违章将氧化剂与还原剂混存，发生接触，导致火灾发生。对消防部门发现重大火灾隐患并发出的整改通知置之不理，最终酿成惨剧。

深圳清水河危险化学品仓库的火灾爆炸事故，促使各有关部门将安全生产的重要性提到了一个新的高度，并使全社会逐步认识到安全生产是全社会可持续发展的一个重要环节，从而推动了我国安全生产法律法规的健全和完善。

二、2000 年广东江门土出高级烟花厂特大爆炸事故

1. 事故经过

2000 年 6 月 30 日上午 8 时许，广东江门土出高级烟花厂包装二车间装配工万某用气钉枪对一枚火箭烟花进行装配时，连打两钉都错位，意外引燃所装配的火箭烟花。此时工人丁某正领料经过该处，火箭烟花引燃丁某手推车上的原料，并引燃了包装二车间大量待组装的火箭烟花半成品及成品，致使大量火箭烟花四处飞蹿，从而引爆了装配车间的成品、半成品，爆炸冲击波又引爆了原料库和半成品库内的易燃易爆品，形成了连锁反应。整个爆炸的总药量相当于 7 吨梯恩梯（TNT）炸药，整个厂区瞬间变为废墟。爆炸造成 37 人死亡（男 7 人，女 30 人），损毁厂房 10 200 平方米及大量设备、原材料，以及烟花厂周边的部分其他工厂和民房，直接经济损失3 000万元。

2. 事故原因分析

（1）事故直接原因

一是装配工万某操作不当。万某于爆炸事故前一个多月进厂工作，在事故发生前3天未经培训就被安排到包装二车间装配岗位打气钉。因操作不熟练，在事故当天的作业中，气钉打错位置引燃火箭烟花，最终导致燃爆事故的发生。二是工厂擅自扩建厂房、改变部分厂房用途。1993年初，厂方未按有关规定报建，擅自在包装车间和原料库之间的空地上扩建4幢装配车间，破坏了原有的安全间距，使工房与火药库之间的安全距离由原来的50米缩至13米；后又擅自将其中两幢装配车间改成半成品仓库，使包装车间、半成品仓库到原料库连成一线，为事故的扩大埋下了殃及全厂的严重隐患。三是厂内原料和成品半成品的库存严重超过消防部门核准的1.5吨的最高限额，达到了约15吨黑火药的储量。四是盲目扩大生产规模，超编制招用大批工人。该厂年产量从报建设计的5万箱增至1999年实际产量8.8万多箱，从业人员人数从立项时核定的42人增至事故前的229人。生产规模扩大、人员密集而厂区面积不变，大量工人未经严格培训就从事危险品的相关作业，导致这次事故的发生并引起重大人员伤亡。

（2）事故的间接原因

一是厂方安全生产制度不健全，责任不到位。该厂不但擅自扩建厂房、严重超量存放原料、违规扩大生产规模，而且不按安全规范组织生产。对已发生的相同类型生产事故不重视，对生产安全隐患没有及时采取有效措施消除，从而导致了惨案的发生。二是江门土出公司有关领导严重失职，将烟花厂租赁后长期放弃对烟花厂安全生产经营的监督。对烟花厂长期违反安全生产规定、不断扩大生产规模、擅自加建厂房的违规行为没有给予制止，使生产事故的隐患不断扩大。三是有关职能部门把关不严，监督检查不力，使该厂在存在严重安全隐患的状况下得以通过有关部门的审批，从而在危险状态下持续扩大生产。

3. 事故教训

对于本次安全生产事故，应该本着严肃认真的态度，吸取教训，举一反三，采取有力措施，把安全生产的工作落到实处。

(1) 各级领导和主管部门要时刻以党和国家的利益及人民生命财产安全为重，切实落实安全生产责任，把安全事故控制在最小限度之内。

(2) 必须严格按国家安全设计规范进行生产布局和企业建设，尤其是危险化学品的生产、储存、使用和运输的有关作业。

(3) 必须将安全生产的责任制和安全生产的培训工作落到实处。安全生产责任制是保证生产安全的最后屏障，再好的安全条例没有安全责任制也是空的；而安全生产的培训工作则是提高从业人员的素质、防止事故发生、降低事故的损失、开展人员自救等的最有效保障。

三、1992 年湖北鄂西自治州化工厂违章焊接特大爆炸事故

1. 事故经过

1992 年 6 月 27 日 9 时 30 分，湖北鄂西自治州化工厂车间螺旋输动器空心螺杆在工作中断裂，当班工人即向安全员及车间副主任报告，该车间主任在了解情况后，为了不影响生产，在生产继续进行、人员未撤离的情况下，违章指挥无证焊工进行焊接作业，并同时由安全员向厂部申请办理动火证。因厂里当时的主要负责人因公外出，安全员自己写了一张临时便条作动火证。在此动火证无主要负责人签发的情况下，仅对焊接作业现场进行小范围内火药清扫便进行焊接。10 时 10 分左右，正在监护焊接工作的安全员发现空心螺

杆内残存有火药，并有大量的烟雾从断裂处喷出，立即将此情况告知焊工。而焊工认为螺杆中的火药量少不会有什么危险，继续进行焊接作业。10 时 42 分，该车间发生爆炸。此次事故造成 22 人死亡，3 人受伤，700 余平方米厂房及机器设备被炸毁，直接经济损失达 40 余万元。

2. 事故原因分析

鄂西化工厂为生产火药的危险化学品从业单位，国家对这类单位的机器设备维修与保养方面有严格的规范。当生产中发生设备故障时，应做好充分的安全准备工作，才能进行动火作业。在对断裂的空心螺杆进行焊接之前，没有对受损设备及附近周边的火药进行彻底清洗与必要的清理，导致在焊接过程中残存在空心螺杆内的火药受热引爆周边没有被清理的火药，进而诱爆了整个车间内存留的全部火药。爆炸的总药量在 4 吨以上。

3. 事故教训

在组织危险化学品生产过程中，尤其是在爆炸类危险化学品的生产、储运过程中，要严格遵守相关规章制度，在设备维修过程中要确保安全。对各工段的工作人员，特别是有关安全生产部门的人员，要进行相关的技术及安全培训，持证上岗。在鄂西化工厂中，长期存在焊接作业人员无证上岗，且对动火证的签发管理不严，麻痹大意，在出现事故苗子的情况下仍冒险作业，最终导致爆炸事故的发生。

四、1991 年许昌某制药厂过氧化苯甲酰爆炸事故

过氧化苯甲酰属甲类易燃易爆品，遇明火、摩擦、撞击后会发生爆炸，常作为氧化剂和漂白剂使用。它的生产原料之一的过氧化氢也属甲类易燃易爆品。

1. 事故经过

1991 年 12 月 4 日 8 时，许昌市某制药厂的工艺车间干燥器正在对第五批试制产品 105 千克过氧化苯甲酰进行烘干操作。按工艺要求，需干燥 8 个小时。下午停机后，化验室取样化验发现这批样品的含量不合格，需再次干燥。次日 9 时，将这批干燥不合格的过氧化苯甲酰装进干燥器中准备再进行干燥时恰遇停电，故没有立即进行干燥作业。6 日上午 8 时，当班干燥工对干燥器进行检查后通知锅炉房送热气，又到制冷车间通知打开真空。9 时左右，对干燥器内样品开始进行化验。下午 2 时停抽真空，当停抽真空 15 分钟后，干燥器内的过氧化苯甲酰发生爆炸。此次事故造成 4 人死亡，3 人受伤，炸毁生产车间 5 间及车间内的设备。

2. 事故原因分析

经事故后调查，当干燥机停止工作时，所有送热的蒸气阀门应关闭，而事故后所显示的干燥机第一分蒸气阀门没有关，第二分蒸气阀门差一圈没关严，反映第二分蒸气阀门进汽量的仪表显示表压为 0.1 兆帕。由此可判断干燥工没有按照相关操作法要求“在停真空前1小时关闭蒸气”的规定执行。在蒸气未停的情况下，又将真空停抽，而此批过氧化苯甲酰是返工重新烘干的产品，致使干燥器内温度急剧上升，达到过氧化苯甲酰的热分解温度，发生剧烈分解放热反应，最终导致爆炸。

由于该厂是一家制药厂，生产过氧化苯甲酰时对其工艺设计、生产设备、操作规程等都未按危险物品生产规定上报并进行鉴定验收，直接使用制药用干燥器进行生产，也没有建立相关的危险化学品生产的自动保护系统。当干燥器内温度过高时既没有报警也没有自动降温装置，从而使事故最终发生。

3. 事故教训

对危险化学品的生产、储存、运输及使用过程中的相关工艺和设备应严格按照国家《危险化学品安全管理条例》的要求进行设计生产，对厂房、设备、工艺必须进行安全论证，在验收合格后才能进行投产试验。

参与危险化学品生产的人员要加强技术培训和安全教育，提高安全意识。工作认真负责，保证在安全生产工艺正常条件下进行作业，防止事故发生。

在此次事故发生后不久，相距许昌不远的郑州某食品添加剂厂又发生了一起与此相似的过氧化苯甲酰的生产爆炸事故，造成27人死亡，33人受伤。在这次事故中，生产过氧化苯甲酰的干燥器就是仿许昌制药厂的产品。如认真分析了解许昌制药厂的事故，接受教训，本次事故完全可以避免。

五、2006年7月28日盐城氟源化工有限公司违法试生产导致爆炸事故

江苏省盐城市射阳县盐城氟源化工有限公司的主要产品是2，

4—二氯氟苯。发生事故的1号生产厂房由硝化工段、氟化工段和氯化工段三部分组成。硝化工段是在原料氟苯中加入混酸二次硝化生成2，4—二硝基氟苯；氟化工段是在外购的2，4—二硝基氯苯原料中加入氟化钾，置换反应生成2，4—二硝基氟苯；氯化工段是在氯化反应塔中加入上述两个工段生产的2，4—二硝基氟苯，在一定温度下通入氯气反应生成最终产品2，4—二氯氟苯。

1. 事故经过

2006年7月27日15时10分，首次向氯化反应塔塔釜投料。17时20分通入导热油加热升温；19时10分，塔釜温度上升到130℃，此时开始向氯化反应塔塔釜通氯气；20时15分，操作工发现氯化反应塔塔顶冷凝器没有冷却水，于是停止向釜内通氯气，关闭导热油阀门。28日4时20分，在冷凝器仍然没有冷却水的情况下，又开始通氯气，并开导热油阀门继续加热升温；7时，停止加热；8时，塔釜温度为220℃，塔顶温度为43℃；8时40分，氯化反应塔发生爆炸。

据估算，氯化反应塔物料的爆炸当量相当于406千克梯恩梯(TNT)，爆炸半径约为30米，造成价值约800万元的1号厂房全部倒塌。

事故发生后，当地政府立即组织抢救伤员、疏散群众，市、县消防队迅速赶赴现场进行灭火扑救，环保部门立即对现场周围大气、水和土壤进行连续监测。28日13时大火扑灭，由于对地面水采取了措施，据当地环保部门监测，没有造成大的污染。

2. 事故原因分析

(1) 事故发生的直接原因

在氯化反应塔冷凝器无冷却水、塔顶没有产品流出的情况下没有立即停车，而是错误地继续加热升温，使物料（2，4—二硝基氟苯）长时间处于高温状态并最终导致其分解爆炸是本次事故发生的直接原因。

（2）管理上存在的问题

1）该项目没有执行安全生产相关法律法规，在新建企业未经成立批准（正在后补成立批准手续）、生产工艺未经科学论证、建设项目未经设计审查和安全验收的情况下，擅自低标准进行项目建设并组织试生产，而且违法试生产 5 个月后仍未取得项目设立批准。

2）该企业违章指挥，违规操作，现场管理混乱，边施工边试生产，埋下了事故隐患。试生产现场人员过多，有较多的非必要人员在试生产现场，也是使人员伤亡加大的重要原因。

3. 事故教训

这起事故是近年来化工行业发生的最严重的特大伤亡事故。伤亡惨重，损失巨大，性质严重，教训极为深刻。

（1）开展对违规危险化学品建设项目的排查整顿工作。尤其是对新建、改建、扩建危险化学品生产项目的审查，这些项目是否有合法合规的项目审批、安全核准、设计审查手续，是否进行了竣工验收，是否取得了安全生产许可证。对不符合规定要求的建设项目要立即停止，依照有关法规进行处罚并限期补办有关手续；对于非法建设和严重违法的项目，要坚决依法关闭或取消。

（2）化工行业是高危行业，要严格执行技术标准和设计规范，决不能降低安全技术标准，坚决防止盲目投资、盲目发展。已经合法批准并经复查后的建设项目要切实加强建设施工、竣工验收、投料试车的安全监管工作。

（3）切实落实企业安全生产主体责任，深入开展中小化工企业的安全标准化活动。各类危险化学品从业单位要自觉遵守国家法律法规，保证安全投入，认真排查隐患并及时整改。加强对开停车、检查维修和新产品试生产的安全技术管理，制订并严格实施科学的作业方案和规程，加强人员培训，确保安全生产。

六、1997年北京东方化工厂储罐区特大火灾事故

1. 事故经过

1997年6月27日21时5分左右，北京东方化工厂储罐区当班人员闻到了泄漏物料的异味。21时10分左右，操作控制室仪表显示有可燃气体报警信号。21时15分左右，油罐区工段操作员张伟、调度员郑刚前往罐区检查泄漏源。21时26分，可燃物体遇火源发生燃烧爆炸。爆炸对周围环境产生冲击和破坏，造成新的可燃物泄漏并被引燃，大火迅速扩大、蔓延，其中罐区的乙烯罐因被烧烤发生变形开裂，21时42分乙烯罐中的液态乙烯突沸爆炸。此次爆炸的破坏强度更大，被爆炸力量驱动的大量可燃物在空中形成巨大的火球和火雨向四周抛撒，将物料输送管网及周围储罐击破，并将在罐区卸料的油罐车损坏，造成更多的可燃物泄漏，火势严重扩散。

北京市消防局接到事故报警后，先后调动22个公安消防中队，94部消防车，1 245名消防人员及燕山石化公司等7个企事业专职消防队及其所属20部消防车和天津公安消防总队的9部大功率泡沫消防车等进行扑救工作。在火灾扑救中共使用泡沫40吨，高倍泡沫2.7吨，消防水带1 000余条。经过近55小时的奋力拼搏，至6月30日4时55分终于将大火扑灭，保住了生产区和部分油罐区的设备。

此次事故造成燃烧过火区域达6万多平方米（整个储罐区面积为10万多平方米），大火烧毁储罐17个，储料19 257吨，油罐列车两列，卸油泵房被炸毁，1 000立方米乙烯球罐爆炸起火，造成死亡9人，伤37人，直接经济损失1亿多元。

2. 事故原因分析

事故当天，由列车向储罐卸轻柴油。东方化工厂的石脑油与轻柴油共用一条卸油总管。由于当时通向轻柴油的总阀应开而处于关闭状态，所以无法向轻柴油储罐卸油；而此时通向石脑油储罐的总阀及石脑油 A 罐的阀门应关却未关，因此抽卸轻柴油只能进入石脑油 A 罐。但此时石脑油 A 罐处于满罐状态，大量轻柴油被卸入内，发生冒顶溢出事故，致使约 640 立方米石脑油/轻质柴油溢出。整个油罐区有水泥围挡拦护，漏出的油料本应不至扩散。但当时正处北京雨季，其排雨水挡门未及时关闭，导致溢出的油料流入下水道，致使油品流散、气化、扩散，以致事态发展扩大；所溢出的油料中，石脑油属易挥发易燃危险品，它挥发后很快达至爆炸限（1.2%～6.0%）。当油气顺下水道流至卸油泵房时，遇明火发生首次爆炸，此次爆炸引起油料泄漏并引发大火，从而引发此次事故。

3. 事故教训

（1）这是一起严重的责任事故，东方化工厂对安全生产管理工作不到位，给事故的发生埋下了隐患。在事故后的调查中，罐区的值班室内竟发现烟蒂。这也更说明了从业人员对安全隐患熟视无睹的危险表现。

（2）作为危险化学品的从业人员，要有强烈的责任心，因为他们的生产过程关系到千家万户的安宁和人民生命财产的安全，决不能掉以轻心，否则将造成不可挽回的损失。在这次事故中，开错阀门、未关雨水挡门这些错误就是对安全生产不重视的最危险的表现。

（3）在危险品化学品的生产、运输、使用过程中，一定要保证安全设施的完好。东方化工厂有先进的可燃气体检测设备。事故当天，从 20 时 30 分开始卸油，21 时 05 分有人闻到油气泄漏的气味，但直到 21 时 10 分，52 个可燃气体探测器中才有一个报警，而其余

51 个可燃气体检测器直至 21 时 26 分发生爆炸事故都没有任何反应。这使从漏油至发生爆炸前的阻止事故发生的宝贵的时间被贻误。

七、1994 年山东省平度市洪山乡重大爆炸事故

1. 事故经过

1994 年 10 月 23 日 13 时 40 分左右，西安庆华电器厂一辆载有 105 万枚工业 8 号纸壳雷管的解放牌 CA—141 型汽车，在运往山东省栖霞县庙后乡民用爆炸物品管理站的途中，在 309 国道山东省平度市洪山乡乡政府驻地附近发生爆炸，造成 5 人死亡，95 人受伤，直接经济损失 800 多万元的特别重大爆炸事故。爆炸的冲击波对周围 13 个村庄造成不同程度的破坏，附近的公共建筑、民用住宅受到严重破坏，洪山乡的交通、通讯、供电中断，人民的生命财产受到很大损失。

2. 事故原因分析

(1) 根据国家兵器工业总公司制定的《火药、炸药、弹药、引信及火工品工厂安全技术管理规程》的规定，用汽车运输爆炸品时，其货物超出车帮高度不得超过爆炸品包装物高度的 1/3。按照这一规定，本案例中的雷管箱的码放高度只能是二层，而实际码放高度为四层雷管箱。

(2) 在这批雷管装车后，在车厢后部除留有给押运员的空间外，还有一个空隙未采取填实或支撑等方式加以固定。汽车在行驶过程中所产生的振动可能使雷管箱滑动。此时若无人看管，不能对发生滑动的雷管箱采取有效防护措施，或顶层雷管箱坠落到车厢底部的撞击都可能使雷管爆炸。

(3) 按照国家有关规定，运输雷管应持有《道路危险货物非营业运输证》或《道路危险货物临时运输证》。本次爆炸品的运输没有

以上证件，属于无运输资格的违法行为。也违反了有关危险化学品运输不得经过人口密集地区的规定。

此外，在本次事故中，西安庆华电器厂雷管销售人员违反了国家关于爆破器材属于国家计划分配物资不得私自销售的规定；同时，运输这批雷管的驾驶员也没有运输危险货物的资格。车辆还搭载了与此次运输无关的人员。上述一系列的违法、违规行为，导致了这起重大事故。

3. 事故教训

（1）在有关爆炸品的生产使用过程中，一定要严格遵守国家有关法令法规，加强危险化学品的安全管理工作；完善、落实各项规章制度。参与危险化学品作业的相关工作人员，一定要经相关安全培训，在取得相应从业资质后方可参与工作。

（2）加强危险化学品的运输资格的审查监督工作，杜绝不符合国家有关规定的危险化学品购销运输活动。

（3）危险化学品运输过程中，一定要事先通知并得到所经地的交通公安部门同意，并在当地公安交通管理部门的指挥下，按指定的路线、时间通行。

第二节　危险化学品中毒事故案例

一、1991 年江西上饶沙溪镇特大一甲胺中毒事故

一甲胺是无色气体，有氨样刺激性气味。一般加压成液体储存或运输。其沸点为－6.3℃，溶于水、乙醇、乙醚等，用于制造染料、药物、杀虫剂、聚合抑制剂、除漆剂、溶剂和火箭推进剂等。一甲胺属低毒性化学品，但在高浓度下，依然可造成严重中毒事故。

1. 事故经过

1991 年 9 月 3 日凌晨 2 时 30 分，由上海某染料化工厂一辆装载 2.4 吨 98％一甲胺的货运槽罐汽车开往江西省鹰潭地区贵溪农药厂。车内违章搭载多名无关人员，途经上饶县押运员父母所居的沙溪镇时，司机和押运员违反有关化学毒品不得进入居民区的规定，将汽车驶向镇内送车内搭载人员。由于该镇某居民在路旁乱堆石块等，致使路面很窄。当车绕到左侧强行通过时，其槽罐进料口阀门被树枝击断。致使大量液态一甲胺蒸气向外喷射，2.4 吨一甲胺在 10 多分钟内全部泄漏完。顷刻间街区毒气浓雾弥漫，波及范围约 22.9 万平方米。当时气温高达 37℃，又值全县停电。该镇共有 900 多居民，其中有 600 人遭受不同程度的毒害。在漆黑之夜，在睡梦中被一甲胺蒸气的窒息性臭味刺激惊醒的居民，纷纷夺门而出，四处奔走呼救。当场有 6 人窒息死亡，受灾户 126 户，住院治疗 150 人，其中 50 人重危。在事故中心区的村民，无论男女老幼无一幸免。此外，污染区内的家畜、家禽死亡千余只。树木、禾苗、疏菜全枯萎而死，储存的水果、食物变质毁坏。事故中先后共 38 人抢救无效而死亡。经济损失 200 万元以上。本次事故使昔日繁荣的沙溪镇变得一片萧条，全镇经济和社会发展受到严重破坏。

2. 事故原因分析

发生“9・3”事故惨案的原因是多方面的，反映出该单位存在着众多违章和管理混乱等问题。

（1）事前未办危险化学品准运证，押运员未进行安全卫生培训；临时固定的槽罐车本身结构不合理，进口阀高立在罐体上边，周围无护栏；司机违章将危险化学品罐车开进人口密集的村镇；道路不畅而强行通过；车上无防护器具，发生泄漏事故后，押运员不能进入现场堵漏，司机也不能立即戴上防护器将车开到旷野无人处，而是弃车逃命。本次惨案主要教训是管理不严，有章不循。

（2）一甲胺属低毒类化学品。那么它为什么能酿成惨案呢？发生此次惨案的主要原因是事故局部环境毒物浓度过高，并发生在人口密集的居民区。本次事故中 2.4 吨浓度为 98%的一甲胺在短短的 10 多分钟内全部泄漏。当时气温高达 37℃，一甲胺沸点为－6.3℃，故泄漏的毒物同时迅速气化，导致顷刻间街区毒气浓雾弥漫，毒物气化程度越大，其污染程度和范围也越大。当日气候闷热，风速很小，难以迅速吹散毒气，而当时的风向有利于使毒气沿街道扩散，使危害增大。事故在拂晓前发生，9 月初为夏末的季节。当时是逆温气象条件，垂直稳定度大，地面气温下冷上热，上下空气流动很少，加上一甲胺密度比空气大，使毒气滞留在贴近地面的冷空气层中，并紧贴地面向下风方向扩散，加上当地居民大热天有席地而睡的习惯，呼吸带正处于毒气浓度较高的位置，也加重事故危害。事故发生在沙溪镇的一条主要街道上，街两侧为连续排列的以二层楼为主的房屋建筑，街较狭窄，形成半封闭式的狭窄胡同，造成毒气容易滞留的环境条件。毒气迅速进入沿街较低矮的房屋内。将以上诸因素综合分析，估计当时受害者呼吸的空气中一甲胺浓度可超过千分之一，从而使本属低毒类的一甲胺变成了致命的化学品。

（3）多人死亡的原因。本次事故中先后死亡 38 人，经分析，不同阶段有不同的死亡原因。在现场发生急性死亡有 6 例，均为老年人，可能系声门痉挛、喉头水肿或三叉神经末梢引起反射性呼吸抑制而窒息死亡。事故发生后 24 小时内经抢救无效而死亡 14 人，死因多为喉头水肿、肺水肿、急性呼吸衰竭。其后，陆续死亡者其原因为气管内坏死黏膜组织脱落致使气道堵塞，出现呼吸衰竭、肺部感染并出现中毒性休克、中毒性脑病、中毒性心肌损害、中毒性肾病等多脏器损害而死亡。

3. 事故教训

事故发生后，所造成的中毒事故来势凶猛，病情险恶。当地居民和医疗机构事先毫无准备，缺乏自救互救的知识和器材，对突如其来的灾害无法应付。人们在逃生中由于没有防护器材，不明上风向，在高浓度的毒气污染区内盲目乱跑，反而增加了毒气吸入，加重危害。在一个小镇突然发生 600 人中毒就医，其卫生院的医疗力量和器材必然极度不足，加之医务人员对一甲胺中毒病人的抢救知识了解甚少，因此不可避免地导致较高的中毒率和病死率。由此惨案使我们应该认真地想一想其他化学品，尤其对那些易被忽视的低毒类易挥发化学品，应加强预防工作，防止类似事故发生。

二、2004 年江西南昌油脂化工厂“4·20”液氯残液泄漏事故

1. 事故经过

2004年4月20日20时50分左右，住在南昌油脂化工厂附近的临时工郝某及其家人在家看电视时听到外面有气体泄漏声，打开门时被一股刺鼻味逼进家中。过一段时间后，因室内气味难闻，他们摸黑从后门逃出，随后被送进医院救治。21时许，南昌市武阳镇人付某到油脂厂找人时，闻到一股很浓的呛人味道，将此事告知在厂值班室中值班的万某，而万某对此事并未在意。直到又有其他人再次告知万某有关厂里的怪味，万某才打电话找油化厂洗涤分厂负责人邹某，在没有联系上邹某后，又打了分厂的另一负责人赵某的电话，也未接通。使应急救援工作受到极大的延误。21时50分，救护车、警车等救援人员赶到厂内，开始了应急救援工作后，该厂的负责人才陆续赶至现场。该事故是油脂厂自办水厂用作水质处理的液氯发生泄漏造成的，此次事故造成282人不同程度中毒，其中有128人入院治疗。

2. 事故原因分析

2000年8月，南昌油脂厂从南昌电化厂购进一瓶450千克的液氯，用于该厂自办水厂的水质处理。液氯购进后，正常使用了2个多月后，因该厂自来水工程建设使该自办水场于2002年9月不再供应生活用水，停止使用液氯，但液氯瓶仍放在加氯车间外。2003年10月，因水场拆迁，为不影响拆迁工作，液氯瓶被移至几十米外的空地上。此后虽对此液氯钢瓶多次移动，但始终未把此钢瓶作为危险源进行管理和纳入危险化学品的检查范围，未按危险化学品的有关规定对残余液氯妥善处置。而氯气除了有毒外，它还有一个突出的性质就是强腐蚀性。在多年的露天存放过程中，风吹雨淋加上氯气本身的强腐蚀性，导致钢瓶的瓶阀严重腐蚀，当气温升高时，液态气体的压强增加，将腐蚀严重的钢瓶阀门冲破，最终导致液氯残液泄漏，造成重大的安全事故。

3. 事故教训

（1）作为危险化学品，一定要按国家有关规定进行管理、使用，对暂时不用的要进行妥善保管。对使用后的剩余危险化学品必须按规定进行安全处理，以根除安全隐患。

（2）盛装危险化学品的容器，要定期进行检验，合格后方能继续使用。任何单位和个人均不可擅自随意处置废弃危险化学品及其包装容器，在未经安全生产监督管理部门等相关单位统一安全处置前任何单位不得随意当废品出售或收购。

（3）加强重特大事故应急救援的协调和预案的建立及相关训练。当发生事故时，能及时有效地进行救援工作。

（4）对关停并转的企业要进行危险化学品的清查和安全处理工作，防止类似南昌油脂厂自办水厂停产后危险化学品无人进行妥善处理的现象发生。

三、2002年广西武宣县某酒精厂废水池塘中毒事故

1. 事故经过

2002年10月3日上午10时左右，广西武宣县一家由私人租赁的淀粉、酒精生产厂发生严重安全事故。事发当时，工人们正给酒精厂的存放废液的池塘盖塑料编织布，这是因存积在池塘里的酒精废液太臭，影响了周边群众，工厂以此方法来挡住臭气，待废液氧化发酵后用于浇淋作物。4位民工正划着一个用几只油桶捆绑成的“船”在施工，一民工突然失足落入池塘里，他们赶紧将其救起。就在他们把人拉上“船”时，这“船”翻了。他们4人全落入废液池中。其后，多人参与施救，但均中毒。事故造成了5人死亡，9人受伤。

2. 事故原因分析

发酵法生产酒精所产生的废水中含有大量的有机物，这些有机物在细菌、合适温度的作用下发生反应，可产生大量的硫化物和磷化物等，这些化合物都是有毒物质，并且容易挥发。而硫、磷化合物本身有令人窒息的恶臭，它们都是严重的环境污染物。同时，由于硫、磷化合物的分子量比较大，因而比空气重，当废水池中产生大量的硫磷化合物并挥发时，这些有毒物质主要是沉积于近水面处，不易扩散。因此，人和动物越接近水面，越易中毒。因此，民工在油桶上站立时，不易中毒。当其落水后，头部接近水面，极易吸入有毒物质而中毒。

3. 事故教训

（1）工业废料因处置不当产生有害气体，使危险性增加；在有毒废液的池塘周边，没有设置相应的警示标志。

（2）救援工作失误。当发生中毒事件需要进行施救时，必须了解产生中毒的物质的特性，并采取相应的有效措施，在有安全防护设施与手段的保护下进行救援，否则只能使事故的损失增加，救援难度加大。

近年来，因工业污染导致水质变坏，发生人畜中毒的事故时有发生，一方面表现了排污企业对社会和环境的不负责任的行为，另一方面也显示了污染水源周边人员对污染水域所散发出的有毒物质性质了解不够，从而导致惨剧不断发生。因此既要加强污染物排放的控制，以降低环境污染，还应对相应地区的人们进行必要的化学、物理知识的普及，防止此类事故的再次发生。

四、1999 年广东东莞市某造纸厂硫化氢中毒事故

1. 事故经过

1999年1月，广东东莞市某造纸厂进行常规停机检修，早上7时停机，8时许在经过往造纸渣浆池中灌水、排水作业后，有2名工人进入渣浆池中清扫，随即晕倒在池中。在场工人在没有通知厂部领导的情况下，擅自下池救人，先后有6人因救人晕倒在池中，另有2人在救人过程中因突感不适而被人救出。厂领导赶到现场后，立即组织抢救，经向池中送氧、送风后，将中毒者全部救出浆池。由于本次中毒事故发生快，中毒深，19名中毒者在送往医院后，有4人经抢救无效死亡。

2. 事故原因分析

在造纸过程中，使用的原料大多为含硫物质。通常情况下，这些含硫物质在造纸制浆过程中经过蒸煮、制浆、洗涤漂白等工序后，产生的含硫废渣、废水长时间存放时，有机物腐败变质，会释放出大量的硫化氢气体。因硫化氢气体密度大，通常沉积于池底，不易通过自然扩散排出。对这类场所，当有人要进入池底作业时，需采用强制通风或灌水等其他方法将硫化氢排尽，经检测分析池内空气中有害气体含量达到安全标准后才能入池作业施工。工人进入这类场所时应配备相应的防护设备。

本次事故中，工人严重违反操作规程，在没有良好通风和个人防护的情况下，又没有对池内进行通风处理，灌水排毒仅灌注了1/4，在发生中毒事故后的救人行动中，也没有进行任何通风和防护，从而导致多人连续中毒。

该厂没有危险化学品发生事故的应急预案和应急措施，没有发生事故时的抢救设备。使发生事故时出现混乱的救人场面，最终导致中毒人数增加，事故不能得到有效控制。

3. 事故教训

对在生产、储存过程中可能产生危险化学品的单位和部门，要建立、制定安全生产的规章制度，尤其是对危险化学品要有科学有效的事故应急预案和应急设备，配备相应的安全生产监督员负责整个安全程序的监督指导工作。对事故做到早发现、早预防。

加强从业人员的安全教育工。在这次事故中，中毒的10人都是工作1年以上的工人，但他们从未经过有关安全生产的教育，也不知道造纸制浆过程中会产生什么对人体有害的化学物质，更谈不上了解相应的预防救治措施了。因此，从业人员的安全教育对防止事故、减少损失是一个必不可少的环节。

第三节　危险化学品污染事故案例

一、1998年浙江金华市磐安县倾倒有毒化工废料事故

1998年8月4日，浙江省金华市磐安县公安局接到报案，在磐安县东仙线盘峰乡麻车峡地区发现15只铁桶、2只塑料桶和1袋编织袋装的化工废料。同月12日，警方又在磐安大云线安文镇地区公路附近发现17只铁桶盛装的化工废料。现场勘察发现，这批废料呈黑色胶状、棕色液状和白色粉状，带有强烈刺激恶臭，废料流经的山林草木均已枯死，17只铁桶废料分别散落在面积约2 000平方米的小溪边，最近距小溪5米。经浙江省环境监测中心分析，这批废料中含有多种有机苯类有毒化合物，如随溪水流到下游，将直接威胁沿溪几十万人的生产生活安全，后果不堪设想。

1. 事故经过

1997年下半年，非法倾倒有毒化工废料的王某与浙江义乌某精细化工有限公司总经理楼某商定，以每车600元的价格让王某处理化工废料。王某将此废料拉在一小学校。因学校方面认为大量化工

废料存放在校内影响环境，要求王某将这些废料处理掉。王某将这些废料埋在公路边土里。因无人发现，王某认为此事非常合算，完全置法律与社会公德及人民生命安全于不顾。

1998 年 8 月，楼某的公司中又有一批化工废料需要处理，仍以每车 600 元的价格叫王某处理，以免费送 6 吨活性炭来结算。8 月 12 日晚，王某将 17 桶有毒化工废料拉上车后开往磐安，倾倒在比较偏僻的安文镇附近公路。8 月 23 日晚，王某又以同样方式，将 17 桶和 1 只编织袋的有毒化工废料倾倒在磐安县东仙线麻车峡地区。

2. 事故教训

对于危险化学品废料的处理方法，国家和有关部门都有明确的规定。根据国家和地方有关法规，对含有苯类、萘类、吡啶类等有毒物质废物的处置方式应采用焚烧处理方法，燃烧时排出的有毒氮氧化物通过洗涤器排出。王某和楼某为了个人和小集体的利益，置国家法律和人民生命安全于不顾，应受到法律的严惩。此案件的性质不能作为一般的危险化学品事故，而应作为一个刑事案件。目前，此案例对于教育人们正确处理化工废料具有较大的现实意义。随着经济的发展，各种工业废料逐渐增多，对这些废料的妥善处置已成为社会经济发展的一个重要组成部分，应得到足够的重视。

二、2000 年福建上杭县氰化钠泄漏重大污染事故

1. 事故经过

2000 年 10 月 24 日 6 时 10 分左右，福建省龙岩市上杭县 205 国道至紫金山金矿的矿区公路上发生了一起氰化钠汽车槽车倾覆并造成氰化钠泄漏的严重事故。当时，通往紫金山矿区的公路因为修建，只作为单行道行驶，加之凌晨路面结露湿滑，而司机又疲劳驾驶，从安徽安庆开来的一辆汽车改装的槽车在上杭县梅溪村附近突然坠落山涧，槽车载有 10.7 吨含 33%氰化钠的剧毒化学品。坠车时，车上有 3 人，只受了轻伤。他们发现装有氰化钠的槽罐出口已被撞坏，氰化钠溶液正不断流出。他们试图用衣服堵住氰化钠外流，但告失败。于是向有关部门报警并告知附近村庄的人们河水被污染，不能饮用。

上杭县消防官兵以最快的速度赶到现场，并同时向龙岩市消防支队请求增援。由于槽罐出口已严重损坏，无法进行堵漏，只能采用以导管吸出槽罐中的残液。同时，组织人员将已经泄漏但没与溪水混合的残液从地上舀起来。至下午 17 时共收回氰化钠残液 2 吨多，对这些残液进行了妥善的处理。在回收氰化钠溶液的同时，为防止流入小溪内的 7 吨多氰化钠对下游的污染。抢险部门一方面对溪水用漂白粉进行消毒，另一方面在溪水下游筑起了两道 5 米多高的拦水坝，控制了污染面积。从而保住了下游的古县河和汀江的安全。

在此次事故中，虽然有关方面都采取了及时有效的防范措施，但因事发突然，仍有 90 多人中毒，所幸处理及时，无人因此事故死亡。

2. 事故原因分析

从事这次氰化钠运输的运输单位没有此类危险化学品的运输资格，驾驶员也没有危险化学品的准运证，而运输槽车为非法改装车辆，因此，这是一起严重违反危险化学品运输条例的案件。同时，氰化钠这种危险化学品，正常情况下应以固体形态进行长途运输，以防止液体的不稳定性造成事故。在地面湿滑、液体的流动性、路况不好加上司机疲劳驾驶和严重超载等因素的共同作用下，最终导致了事故发生，造成了重大污染事件。

3. 事故教训

一定要严格执行有关危险化学品运输条例，做好危险化学品的管理工作。作为危险化学品的托运人、承运人及司乘人员都必须有相关资质和证书，在运输途中应有公安交管部门的监护。同时对违法经营危险化学品运输的有关人员和单位加以严惩。

第四节　危险化学品腐蚀、泄漏事故案例

一、2002 年陕西洛宁氰化钠泄漏洛河事故

氰化钠系剧毒物品，常人误食 0.3 克即可致命。

1. 事故经过

2002 年 11 月 1 日下午 2 时，洛阳市二运公司的东风大货车从偃师某化工厂往洛宁一金矿送氰化钠，途经洛宁县兴华乡窑子屯村段时发生交通事故，货车从路边翻入离涧河不远的沟壑中，车上装载的 11 吨氰化钠顺涧河径直流入洛河。洛河河水氰化钠超标达 300 倍，受污染的水以每秒钟 3 000 立方米的流量顺流而下，严重威胁着洛河沿岸数百万人民群众的生命财产安全。肇事车辆发生事故后，

司机没有及时报案，而是逃之夭夭。到下午5时，兴华乡政府出现牛羊中毒才发现灾情，立即向洛宁县政府作了报告。洛宁县政府又向洛阳市政府作了汇报。

由于事关重大，洛阳市政府向当地驻军求助。洛阳军分区当天夜里就向济南军区有关领导作了汇报，请求调兵抢险。随后驻洛某部300多名官兵和240名武警战士，用最快速度在当天夜里10时赶到了宜阳县甘棠村。

在宜阳县委、县政府的动员下，300多名基干民兵及公安干警也赶到现场，连夜开始筑坝拦毒。洛阳市、宜阳县的主要领导均赶到现场指挥，一切为抢险救灾让路。洛阳市政府夜里调集各种机械车辆100多台，宜阳县政府连夜调集救灾物资水泥100多吨、编织袋50 000多条、漂白粉2 000多包。为了建起拦河大坝挡住受污染的河水，官兵们和参加抢险救灾的群众连续作战10多个小时，没有喝一口水，没有吃一口饭，终于将两条“生命线”给建了起来。灾情得到基本控制。在大坝拦住的水中不时有死鱼漂过。

按照救灾抢险指挥部的安排，洛宁县也连夜组织1 000多名军民，在下游洛宁县长水乡长水大桥处同时筑坝救灾。同时在洛河沿岸设11个水情观测点，每两个小时对水质检测一次，并上报到洛阳市政府。经过一夜的奋战，两条长约两公里的大坝终于建了起来，将滔滔东流的洛河水拦腰截断。

2. 事故原因分析

洛阳市二运公司没有危险化学品运输资质，在违规运输剧毒化学品的过程中，也没有对相关人员进行专业培训。在车辆发生事故时，司乘人员不但不进行应急处理和紧急报警，而是一走了之，使时间被延误，最后只能采取筑坝拦水的抢险措施。按危险化学品运输管理规定，车辆在运输危险化学品时，只能限载80%，而在此次

氰化钠的运输过程中，载重 5 吨的东风货车严重超载，装运了 11 吨高危险性的剧毒化学品氰化钠。从而使汽车制动性能受到限制，导致了翻车事故的发生。在此次氰化钠的运输过程中，也没有按相关规定将运输物品、运输量及运输时间路线向有关部门通报审批。

3. 事故教训

由于交通运输是一个动态环境，在运输危险化学品时，这些危险化学品处于不稳定状态，容易产生事故。为此，国家有关部门专门对危险化学品的运输作出了许多相关规定，以防止危险化学品交通运输事故的发生。因此要严格执行危险化学品运输有关的相关法律规定要求，对运输车辆进行严格检查，对参运人员进行必要的培训，要有相应的事故应急措施和应急救援物资的准备。在运输过程中，要及时与所经地的交通管理部门联系，经过批准后方可实施危险化学品的运输作业。

二、2004 年重庆天原化工总厂氯气泄漏事故

1. 事故经过

2004 年 4 月 15 日下午，位于重庆市城区的重庆天原化工总厂氯气分厂工人在操作中发现有氯冷凝器穿孔，并泄漏出氯气，厂方立即组织抢救堵漏。到 4 月 16 日 1 时左右，冷却列管突然发生爆炸，凌晨 4 时左右，再次发生爆炸。这次爆炸导致大量氯气泄漏，因工厂处于城区，周围人群密度大，为防止造成重大伤亡，重庆市政府连夜组织人员紧急疏散约 15 万人。16 日下午 18 时，5 个装有液氯的储罐在抢险救灾过程中发生突然爆炸，造成现场抢险人员 9 人死亡，3 人受伤。

2. 事故原因分析

重庆天原化工总厂事故调查组经过调查确认，这起氯气泄漏爆炸事故是一起责任事故。生产氯气过程中发生泄漏时，应让氯气在自然压力下通过适当管道排放。但本次处理氯气泄漏事故过程中，当专家组成员离开现场进行抢救方案讨论时，重庆天原化工总厂违规操作，让工人用机器从液氯罐中向外抽氯气，以加快排放速度，结果导致罐内温度过高，引发爆炸。

3. 事故教训

在生产强腐蚀性危险化学品时，由于产品的特性，一般都有设备被严重腐蚀的情况。因此应加强检修，及时修理、更换受损部件，防止因腐蚀造成危险化学品的泄漏，而一旦危险化学品发生泄漏，往往造成后续危害更大的二次灾害。在生产设备使用年限较长时尤其要注意防止泄漏事故的发生。重庆天原化工总厂的情况就是如此。

对构成重大危险源的危险化学品生产经营单位，国家早有政策，应从人口密集地区撤离，而重庆天原化工总厂作为一个生产氯气的危险化学品生产厂家，在人口密集地区生产，本身就是一个重大的安全隐患。在本次事故中，如不是重庆市政府及时、有效地将周围群众疏散转移，将造成更大的损失。为防止此类事故再次发生及对周边人群的影响，重庆市已决定将重庆天原化工总厂进行整体搬迁。

三、2005年吉林石化公司双苯厂爆炸污染事故

1. 事故经过

2005年11月13日下午13时45分，吉林石化公司双苯厂（又称101厂）一车间新苯胺装置T101塔、T102塔发生爆炸，造成当班的6名工人中5人死亡、1人失踪，近70人受伤。离爆炸现场200米范围内建筑物的所有玻璃震碎，爆炸中，有一金属部件被爆炸冲击波炸至离现场2千米外的清源大桥上。14时10分发生第二次爆炸，此后共发生15次爆炸，造成近年来国内损失最大的化工生产事故。在本次事故中，化工区附近数万居民及大学生被紧急疏散；有大约100吨硝基苯等苯类有毒物质随消防用水流入松花江中，对松花江造成严重污染，并给下游人民的生产生活造成了极大的困难。同时，也使松花江下游的俄罗斯人民产生严重不安。

事故发生后，吉林省、吉林市领导迅速赶到现场，组织抢险。吉林石化公司迅速启动消防应急预案，切断各装置间的物料供应，管线里的用料开始按相关操作程序向外撤卸，工人随后也有秩序地撤出厂房。因工厂内的各处管线大多是相互连通的，所以发生事故后救灾的首要任务就是一边由消防官兵组织扑救，防止火灾迅速蔓延；一边切断供料管线，以免引起连锁反应，防止一厂引爆多厂。

在消防方面，火场燃烧物大多为有机化工原料，由于它们的密度大多比水轻，不适合用水灭火。灭火过程中主要采取泡沫灭火设备，吉林消防部门出动了全部泡沫灭火车，同时从长春紧急调来5辆泡沫灭火车随时待命。吉林市公安消防支队共出动11个中队，57辆各种消防车辆，287名消防官兵，吉化公司自备消防队也全员出动，进行救援。

事故发生后，公安消防支队四中队与吉化公司消防支队第一时间赶到现场。因现场形势危急，随时可能发生更大的爆炸，对参与救灾的人员造成不必要的伤害。15 时许，救火指挥部经研究决定，除少量官兵暂时留守稳定火势控制火场外，主要任务是冷却还没有燃烧的装置设备。

16 时 40 分左右，因可燃有机原料大多燃烧完全，现场火势逐渐减小，吉林市公安消防支队 8 辆泡沫消防车组成救火突击队返回火场，实施第一次灭火扑救。到下午 18 时左右，现场形势已被控制。

在消防干警积极组织灭火的同时，为防止再次爆炸引发更大的人员伤亡，吉林市交警部门一方面建立警戒线，同时将警戒线内的与救灾灭火无关人员迅速撤离，并劝阻、疏散围观人群，严防非特种车辆及无关人员进入救灾抢险现场和危险地区。

2. 事故原因分析

吉林石化公司双苯厂连环爆炸事故的直接原因是由于当班操作工停车时疏忽大意，未将应关闭的阀门及时关闭，误操作导致进料系统温度超高，长时间的温度过高引起爆裂。因生产过程为低压操作，当进料系统爆裂后，空气被抽入负压操作的 T101 塔，达到苯与空气混合的爆炸限，最终引起 T101 塔、T102 塔发生爆炸。T101 塔、T102 塔的爆炸使与之相连的两个硝基苯储罐及附属设备相继爆炸，这次爆炸使硝基苯外泄并燃烧，爆炸现场火势迅速增强，引发装置区内的两个硝酸储罐爆炸，并导致与该车间相邻的 55 号罐区内的一个硝基苯储罐、两个苯储罐发生燃烧。这一系列的连锁反应，导致了吉林石化双苯厂连续爆炸事故。

3. 事故教训

作为危险化学品的生产企业，应把安全生产放在第一位。生产设备再先进、安全制度再健全，也需要各方面的人员来掌握。如不按规范操作，再先进的设备也可发生意外事故。因此，加强各方面人员的培训，不但是中小企业的重要任务，对大型化工企业也完全有必要。

吉林石化公司双苯厂在重要的水源地——松花江边，却没有相应阻隔含苯物质进入河水的装置，以致发生火灾后，大量污染物随消防用水进入松花江，造成巨大损失和恶劣的社会影响。因此在水源地附近的化工厂应有相应的防止污水污染水源的基础设施。

思 考 题

1. 通过对本章中的危险化学品事故的分析，你认为危险化学品安全事故经常发生在哪些环节?

2. 请结合每个具体案例，分别写出学习心得。

参考文献

1.《中华人民共和国安全生产法》

2.《中华人民共和国劳动法》

3.《中华人民共和国消防法》

4.《危险化学品安全管理条例》

5.《安全生产许可证条例》

6.《使用有毒物质作业场所劳动保护条例》

7.《中华人民共和国职业病防治法》

8.《工作场所安全使用化学品规定》

9.《危险化学品生产企业安全生产许可证实施办法》

10.《危险化学品经营许可证管理办法》

11.《中华人民共和国放射性污染防治法》

12. GB 13690—92　常用危险化学品的分类及标志［S］. 1992

13. GB 6944—2005　危险货物分类和品名编号［S］. 2005

14. GB 15258—1999　化学品安全标签编写规定［S］. 1999

15. GB 16483—2000　化学品安全技术说明书编写规定［S］. 2000

16. GB 190—90　危险货物包装标志［S］. 1990

17. GB 12268—2005　危险货物品名表［S］. 2005

18. 国家环境保护总局危险废物管理培训与技术转让中心编著. 危险废物管理与处理处置技术. 北京：化学工业出版社，2003

19. 崔克清编著．危险化学品安全总论．北京：化学工业出版社，2005

20. 蒋军成，虞汉华主编．危险化学品安全技术与管理．北京：化学工业出版社，2005

21. 霍红主编．危险化学品储运与安全管理．北京：化学工业出版社，2004

22. 王晶禹，王保国，张树海编著．危险化学品储存．北京：化学工业出版社，2005

23. 王罗春，何德文，赵由才编著．危险化学品废物的处理．北京：化学工业出版社，2006

24. 胡永宁，马玉国，付林编著．危险化学品经营．北京：化学工业出版社，2004

警告标志

注意安全

当心火灾

当心爆炸

当心触电

当心电缆

当心机械伤人

当心伤手

当心扎脚

当心吊物

当心绊倒

当心激光

当心微波

当心车辆

当心腐蚀

当心感染

当心中毒

危险货物包装标志

一级放射性物品

二级放射性物品

三级放射性物品

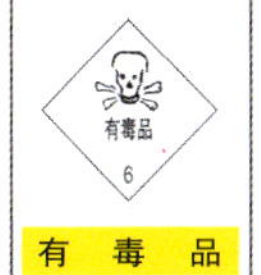

有　毒　品

易 燃 液 体

易 燃 气 体

易 燃 固 体

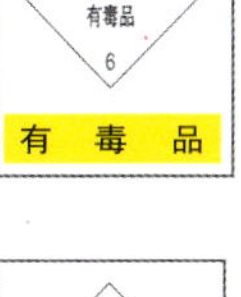

不 燃 气 体

氧　化　剂

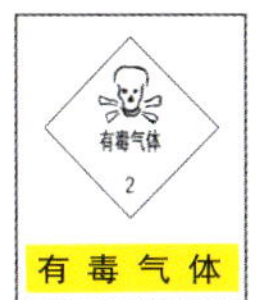

有 毒 气 体

杂　　类

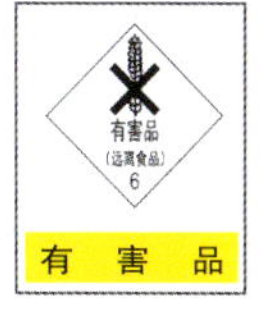

有　害　品

有机过氧化物

遇湿易燃物品

自 燃 物 品

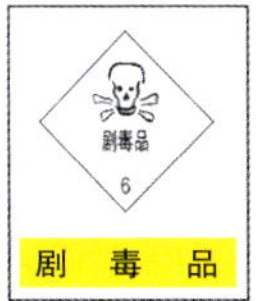

剧　毒　品

感染性物品

腐　蚀　品

爆　炸　品

爆　炸　品

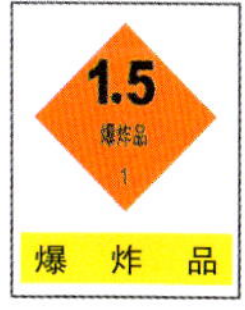

爆　炸　品

禁止标志

禁止烟火

禁止带火种

禁止用水灭火

禁止放易燃物

禁止吸烟

禁止入内

禁止转动

禁止触摸

禁止攀登

禁止跨跃

禁止跳下

指令标志

必须戴安全帽

必须穿防护服

必须戴护耳器

必须戴防护帽

必须穿防护鞋

必须戴防尘口罩

必须系安全带

必须加锁

必须穿救生衣

必须戴防护手套

必须戴防毒面具

必须戴防护眼镜

提示标志

可动火区
FLARE UP REGION

紧急出口
EMERGENCY EXIT

紧急出口
EMERGENCY EXIT

避险处